Mohd Muntjir

Estudos dos arrendatários para o Termo Ecológico da Exploração Indígena dos Altos Passes

Mohd Muntjir

Estudos dos arrendatários para o Termo Ecológico da Exploração Indígena dos Altos Passes

Análises dos ocupantes da faixa biológica das passagens superiores no turismo indiano

ScienciaScripts

Imprint

Any brand names and product names mentioned in this book are subject to trademark, brand or patent protection and are trademarks or registered trademarks of their respective holders. The use of brand names, product names, common names, trade names, product descriptions etc. even without a particular marking in this work is in no way to be construed to mean that such names may be regarded as unrestricted in respect of trademark and brand protection legislation and could thus be used by anyone.

Cover image: www.ingimage.com

This book is a translation from the original published under ISBN 978-3-659-93128-4.

Publisher:
Sciencia Scripts
is a trademark of
Dodo Books Indian Ocean Ltd. and OmniScriptum S.R.L publishing group

120 High Road, East Finchley, London, N2 9ED, United Kingdom
Str. Armeneasca 28/1, office 1, Chisinau MD-2012, Republic of Moldova, Europe
Printed at: see last page
ISBN: 978-620-7-89242-6

Índice:

Estudos dos arrendatários para o
Termo Ecológico
da Exploração
Indígena dos Altos Passes
Autoria de:
Mohd Muntjir

PREFÁCIO

O objetivo deste livro é compilar um breve conhecimento sobre os sistemas de arrendamento em Leh e Ladakh. Nos últimos 15 anos, assistiu-se a um vigoroso programa de desenvolvimento em Ladakh, que trouxe mudanças na educação, nos cuidados de saúde, na agricultura, na energia e nos transportes. O turismo está concentrado nas povoações predominantemente budistas do Vale do Indo, cujo centro é a antiga capital e centro comercial de Leh (8.000 habitantes). Muitas zonas de Ladakh estão ainda interditas aos visitantes estrangeiros devido à sua proximidade com as fronteiras chinesa e paquistanesa. Uma grande parte do sul de Ladakh só é acessível a pé. O Ladakh, por vezes referido como o Pequeno Tibete, é popular entre os turistas porque alberga um dos mais puros exemplos remanescentes da cultura budista tibetana. Os visitantes vêm para ver uma cultura pré-industrial, visitar os mosteiros budistas e apreciar as dramáticas vistas das montanhas.

O conteúdo do livro foi concebido para responder às necessidades dos estudantes de turismo.

RECONHECIMENTO

Este livro é o resultado do meu estudo no domínio do turismo indiano. Este estudo foi por vezes exigente, mas por outro lado é também muito satisfatório. Este livro tem a marca das patas de muitas pessoas que me guiaram e apoiaram. É impraticável concluir qualquer trabalho produtivo sem uma expressão de agradecimento às pessoas que nele se envolveram honestamente ou em última instância.

Antes de mais, gostaria de agradecer a Deus todo-poderoso pela sua bondade e misericórdia e por me ter dado a força e a energia necessárias para concluir esta tarefa. Gostaria também de prestar um agradecimento especial aos membros da minha família, em especial aos meus irmãos Dr. Shamim Ahmad e Mustakim Ali e à minha mulher Razia, que me encorajaram a levar o trabalho até ao fim.

Gostaria também de deixar registada toda a minha gratidão aos colegas e amigos pelo seu apoio e encorajamento, que sempre me guiaram ao longo de todo o meu trabalho. Por último, estou muito grato a todos os que me ajudaram, direta ou indiretamente, na realização do meu livro.

CARACTERÍSTICAS PRINCIPAIS

- O livro está escrito de forma clara, direta e expressiva, o que facilita a sua compreensão por parte dos alunos.
- As dependências entre capítulos são reservadas ao mínimo.
- Os objectivos do capítulo, no início de cada capítulo, explicam ao aluno o que é que a calúnia vai fazer nesse capítulo.
- A descrição meticulosa dos temas torna o volume útil para os estudantes.

PÚBLICO-ALVO

- Utilização primária do livro de texto para os estudantes dos cursos oferecidos pelos departamentos de turismo de diversas faculdades e universidades
- Profissionais que trabalham no sector do turismo
- Como recurso escrito em programas educativos acessíveis por muitos institutos de turismo.

RESUMO

O impacto do turismo no ambiente natural e na ecologia é motivo de preocupação a nível mundial. Assim, é necessária uma investigação cuidadosa para estudar e avaliar os efeitos ecológicos resultantes das viagens e das acções de lazer, com o objetivo de compreender as características desses efeitos e fornecer um roteiro para a promoção de um desenvolvimento turístico ecologicamente sustentável. As atitudes e as percepções dos residentes em relação ao desenvolvimento e aos impactos do turismo constituem um contributo significativamente importante para a classificação das prioridades estratégicas e de gestão do turismo. A presente investigação visa contribuir de forma construtiva e criativa para o corpo de investigação sobre os pontos de vista dos residentes relativamente ao impacto ecológico do turismo, com especial incidência na popular região turística de Leh e Ladakh, na Índia.

Objetivo da investigação: O principal objetivo deste estudo é avaliar a opinião dos residentes sobre os efeitos ecológicos das viagens e do lazer.

Metodologia: A presente investigação envolve métodos de investigação primária em que o investigador recolhe os dados junto dos residentes de Leh e Ladakh e segue uma estratégia quantitativa para atingir os seus objectivos. Os dados primários para esta investigação foram recolhidos utilizando a técnica de amostragem não probabilística e o investigador seleccionou os participantes à medida que estes estavam acessíveis. A investigação utilizou o método de recolha de dados por inquérito através de um questionário estruturado e normalizado, que incluía perguntas fechadas, a fim de quantificar as respostas dos clientes. O questionário incluía questões demográficas e relacionadas com o impacto do turismo. Os dados recolhidos foram preenchidos numa folha de Excel e quantificados através da enumeração das respostas.

Conclusões: No inquérito realizado, os residentes admitiram os efeitos nocivos do turismo para a ecologia de Leh e Ladakah. Mas, ao mesmo tempo, admitiram que o turismo conduziu a uma melhoria da educação, das oportunidades de emprego, dos cuidados de saúde, dos transportes, do desenvolvimento das infra-estruturas, etc. Os residentes recusaram-se a apoiar uma medida para reduzir o número de turistas em Ladakh e afirmaram que os benefícios globais do turismo ultrapassam os seus efeitos nocivos para o ambiente.

Conclusão: Concluiu-se que as percepções dos residentes a um determinado tipo de impacto turístico não podem ser compartimentadas e que são um somatório de todos os impactos do turismo combinados.

Recomendação: O estudo de investigação recomendou passos e medidas para remodelar o turismo de desperdício e exploração prevalecente para um turismo ecologicamente sustentável.

Capítulo 1
Introdução

1.1 Tópico de investigação

Este estudo de investigação procura avaliar a perceção dos residentes sobre os impactos ecológicos do turismo e do lazer na sua área, cidade, região, etc.

O tema da investigação é, portanto, -

Um estudo para avaliar a opinião dos residentes sobre os efeitos ecológicos das deslocações e do lazer

1.2 Questão de investigação

Uma questão de investigação identifica o fenómeno a estudar e deve ser uma questão clara, focalizada e discutível em torno da qual o investigador planeia centrar a investigação. A questão a que a investigação pretende responder é:

"Quais são as opiniões dos residentes sobre os efeitos ecológicos das viagens e do lazer nesse destino?"

1.3 Finalidades e objectivos da investigação

O objetivo desta investigação é avaliar a opinião dos residentes sobre os efeitos ecológicos das viagens e do lazer em Leh e Ladakh. Para cumprir os objectivos acima referidos, foram definidos quatro objectivos específicos:

1) Estudar os factores que têm impacto no turismo e no lazer dos destinos e explorar os efeitos dos impactos ambientais sobre eles.

2) Examinar os impactos ecológicos e os seus efeitos nos diferentes destinos turísticos indianos e no seu desenvolvimento turístico.

3) Estudar a perceção dos residentes de Leh e Ladakh sobre os impactos ecológicos do turismo e do lazer.

4) Fazer recomendações sobre o planeamento do turismo e a elaboração de políticas para o turismo ecologicamente sustentável em Leh e Ladakh.

1.4 Antecedentes do estudo

Desde tempos imemoriais que os seres humanos viajam. O homem primitivo viajava em busca de comida, água, segurança ou aquisição de recursos (Cook, Yale, & Marqua, 2007). A evolução das viagens e do turismo pode ser estudada através de três períodos de tempo - período antigo, medieval e moderno. No período antigo, há provas de viagens recreativas e educacionais no Egipto sob o domínio dos faraós; gregos que viajavam para Delfos a fim de questionar o Oráculo; cidadãos ricos da Roma antiga que faziam viagens para passar os seus verões no campo e na costa; e grandes viajantes que exploravam a Índia e a China (Chakraborty, 2007). No entanto, o turismo romano terminou com o seu império e a turbulenta situação económica, social e militar na Europa restringiu as viagens. O turismo voltou a ter um impulso na zona medieval graças ao interesse crescente pelas peregrinações (Jayaplan, 2001). Durante o século XVIII, a saúde e a cultura tornaram-se os catalisadores de um turismo generalizado. As pessoas visitavam as cidades à beira-mar para beneficiarem das águas de nascente e do ar fresco e faziam férias educativas em países como a Itália com o objetivo de estudar pintura, escultura, arquitetura, etc. (Shackley, 2007). O turismo de lazer moderno surgiu quando a industrialização em toda a Europa deu origem a uma classe média abastada (Shackley, 2007). Foi nesta altura que os empresários começaram a construir hotéis turísticos e a desenvolver outras infra-estruturas, dando assim forma ao turismo como uma indústria internacional. O século XX, que assistiu ao aumento do número de pessoas e do rendimento, bem como à introdução de aviões comerciais a preços razoáveis, pode ser designado como o século da descoberta, que levou ao desenvolvimento do turismo de massas moderno (Zuelow, 2015).

Atualmente, o turismo emergiu como um dos maiores e mais dinâmicos sectores da economia mundial, com elevadas taxas de crescimento e desenvolvimento, volumes consideráveis de entradas de divisas e desenvolvimento de infra-estruturas. De acordo com uma estimativa, a contribuição económica global (direta, indireta e induzida) do turismo ascendeu a quase 7,6 triliões de dólares americanos em 2014. De acordo com o relatório anual da Organização Mundial do Turismo (OMT) (2015), as chegadas de turistas internacionais cresceram 4,4 por cento em 2015, atingindo um recorde de 1 184 milhões, e o turismo internacional gerou 1,4 biliões de dólares americanos em receitas de exportação. O relatório também prevê uma taxa de crescimento de 4-4,5 por cento nas chegadas de turistas internacionais em 2014. Um país em desenvolvimento como a Índia também recebeu 7,68 milhões de turistas estrangeiros em 2014, o que reflecte uma taxa de crescimento anual de 10,2%. As suas receitas em divisas provenientes do turismo atingiram 20,24 mil milhões de dólares (Ministério do Turismo, Governo da Índia, 2015).

A Organização Mundial do Turismo das Nações Unidas (OMT) define o turismo como sendo constituído por actividades de pessoas que viajam e permanecem em locais que não fazem parte do seu ambiente habitual durante um período não superior a um ano consecutivo para fins de lazer, negócios, visita a amigos e familiares, etc. (Todd, 2011). Os três critérios de deslocação, finalidade e duração foram delineados pela UNTWO para distinguir as viagens do turismo.

O turismo é, antes de mais, uma indústria orientada para os serviços e para as pessoas, na qual existe uma interação de actividades, serviços e indústrias que fornecem produtos, experiências e serviços, tais como alojamento, transporte, alimentação e bebidas, compras, entretenimento, etc., aos indivíduos ou grupos que viajam. O turismo pode ser classificado como turismo emissor, recetivo e doméstico (Wyllie, 2011). Enquanto o turismo emissor é constituído por residentes de um país que viajam para outro país, o turismo recetor é constituído por não residentes que viajam para um determinado país. O turismo interno é quando os residentes de um determinado país viajam apenas dentro desse país.

O âmbito do turismo é vasto e engloba uma série de componentes, incluindo Alojamento (hotéis, motéis, estâncias turísticas, linhas de cruzeiro), Restauração (restaurantes, cafés, estabelecimentos de restauração à beira da estrada), Transportes (rodoviários, ferroviários, marítimos, aéreos), Atracções (naturais, culturais, históricas, artificiais, educativas), Serviços de Informação e Orientação Turística, Agências de Viagens (agências de viagens organizadas e de venda de bilhetes) e Operadores Turísticos (vendedores de férias). Os turistas podem ser divididos em duas grandes categorias com base no seu objetivo - turistas de negócios e turistas de lazer. Além disso, existem diferentes tipos de turismo, com a recente tendência para o turismo de segmentos de nicho. Os tipos de turismo incluem o turismo recreativo, o turismo de bem-estar, o turismo de aventura, o turismo médico, o turismo cultural e patrimonial, o turismo religioso, o ecoturismo, o turismo MICE - reuniões, incentivos, conferências e exposições, o turismo de vida selvagem, etc.

O turismo tem vindo a registar um crescimento contínuo e a aprofundar a diversificação para emergir como um dos sectores económicos de mais rápido crescimento no mundo (Becker, 2013). Assim, muitas cidades, nações, regiões, bem como empresas de várias escalas, vêem o turismo como uma infusão maciça de despesas de consumo e investimentos consideráveis em infra-estruturas turísticas. Esta dinâmica transformou o turismo num motor essencial para o progresso socioeconómico (Becker, 2013). No entanto, na corrida louca para conquistar uma parte da indústria turística em expansão, alguns locais turísticos sofreram danos na sua cultura, atracções e ambiente. Por conseguinte, é importante efetuar uma avaliação dos impactos positivos e negativos do turismo de massas num determinado local turístico, tendo especialmente em conta a forma como está a afetar os residentes.

O turismo moderno está intimamente ligado ao desenvolvimento, com o seu volume de negócios a competir com as exportações de petróleo, produtos alimentares e automóveis (Becker, 2013). Tem alguns impactos muito evidentes, como a geração de rendimentos e emprego, a obtenção de divisas para o país de acolhimento, a ajuda na preservação do património nacional e do ambiente, o incentivo ao desenvolvimento de infra-estruturas e a promoção da paz e da estabilidade (Seba, 2011). No entanto, estes impactos são de natureza muito genérica e uma avaliação exaustiva dos impactos traz à tona tanto os efeitos positivos como os negativos atribuíveis ao turismo.

É essencial identificar os possíveis impactos, uma vez que pode ajudar no planeamento do turismo e na gestão dos destinos de forma a maximizar os impactos positivos e minimizar os potenciais impactos negativos. Os impactos do turismo de massas podem ser classificados em económicos, socioculturais e ambientais.

O impacto económico do turismo no mundo de hoje é surpreendente (Hall & Page, 2014). É um dos maiores geradores de emprego e contribuinte do PIB na economia global (Organização Mundial do Turismo (UNWTO), 2016). O turismo é creditado com o aumento de empregos adicionais, que vão desde o nível de entrada de baixos salários até posições profissionais altamente remuneradas, contribuindo assim para o aumento do rendimento e dos padrões de vida. O turismo também reduz a dependência de uma indústria, especialmente nas zonas rurais, uma vez que cria diversificação (Mason, Tourism Impacts, Planning and Management, 2015). O crescimento do turismo gera investimento, desenvolvimento e despesas com infra-estruturas e tanto os turistas como os residentes beneficiam de melhorias nos serviços públicos. O turismo introduz novos elementos na oferta de retalho, incentivando assim uma competitividade saudável (Seba, 2011). Também aumenta as receitas fiscais de uma comunidade.

No entanto, os empregos no sector do turismo são frequentemente sazonais, o que leva ao subemprego ou ao desemprego durante a época baixa. Além disso, esses empregos sazonais são empregos mal remunerados (Tribe, The Economics of Recreation, Leisure and Tourism, 2011). Muitas vezes, as empresas de turismo importam mão de obra qualificada em vez de se esforçarem por formar os locais. Além disso, o aumento da procura de bens, serviços, habitação, etc. devido ao turismo pode fazer subir o custo de vida dos residentes. Além disso, os proprietários e as empresas não locais podem exportar os lucros para fora da comunidade. O turismo também exerce pressão sobre as infra-estruturas existentes e podem ser necessários impostos adicionais para as melhorar.

As consequências socioculturais do turismo merecem uma análise cuidadosa, uma vez que os impactos podem tornar-se uma mais-valia ou um prejuízo para as comunidades. O turismo apoia a conservação e a continuação dos costumes tradicionais, do artesanato e das festas que, de outro modo, poderiam ter desaparecido e incute orgulho cívico entre os residentes. Mas, ao mesmo tempo, existe o risco de o turismo transformar as culturas locais em mercadorias, quando os rituais, ritos, práticas e festivais tradicionais são reduzidos e higienizados para se adaptarem às expectativas dos turistas.

Os intercâmbios entre anfitriões (residentes) e convidados (turistas) podem criar uma melhor compreensão cultural e provocar mudanças positivas ou negativas nos sistemas de valores, no comportamento, na estrutura comunitária, nas relações familiares, nos estilos de vida tradicionais colectivos, nas cerimónias e na moralidade.

É provável que o turismo conduza a melhorias nas infra-estruturas e nos equipamentos de lazer e a um aumento do número de atracções, oportunidades recreativas e serviços, beneficiando assim os residentes locais. No entanto, o turismo também pode ter um efeito negativo na qualidade de vida da comunidade de acolhimento, uma vez que pode resultar em aglomerações e congestionamentos, problemas com drogas e álcool, prostituição e aumento dos níveis de criminalidade.

O impacto do turismo no ambiente natural e na ecologia é motivo de preocupação a nível mundial. Enquanto o ambiente natural pode ser explicado como um termo que inclui todos os seres vivos e não vivos que ocorrem naturalmente na Terra, a ecologia pode ser definida como o estudo científico da distribuição, abundância e relações dos organismos e da sua interação com o ambiente. A interação do turismo com a ecologia é complexa, pois envolve actividades que têm efeitos ambientais adversos, mas também tem o potencial de produzir impactos vantajosos no ambiente, contribuindo para a proteção e conservação ambiental (Briassoulis & Straaten, 2012).

O turismo e o ambiente estão interligados, uma vez que o ambiente (locais cénicos, clima ameno, paisagem única, etc.) é provavelmente um dos factores mais importantes que contribuem para a conveniência e a atratividade de um destino. As zonas com recursos naturais de elevado valor atraem turistas que procuram ligações emocionais e espirituais com a natureza. Uma vez que os turistas vêm principalmente para ver a paisagem natural, existe uma pressão para conservar os habitats e a vida selvagem. As receitas geradas pelo turismo são geralmente utilizadas para melhorar o aspeto da zona através de limpezas ou reparações.

O turismo é uma indústria relativamente mais limpa, que se baseia em hotéis, restaurantes, lojas e atracções, em vez de fábricas e moinhos poluentes (Mason, Tourism Impacts, Planning and Management, 2015). Além disso, aumenta a consciência dos valores ambientais, servindo assim como uma ferramenta para financiar a proteção das áreas naturais e aumentar a sua importância económica. Além disso, ao criar fontes opcionais de emprego, o turismo pode ajudar a resolver os problemas da pesca excessiva e da desflorestação, especialmente nos países em desenvolvimento.

Os impactes negativos do turismo ocorrem quando o número de visitantes é superior à capacidade do ambiente para lidar com o volume de visitantes dentro dos limites aceitáveis de mudança (Briassoulis & Straaten, 2012). O turismo convencional descontrolado exerce uma pressão enorme sobre uma zona e provoca impactos como a erosão dos solos, o aumento da poluição, as descargas no mar, a perda de habitats naturais, o aumento da pressão sobre a flora e a fauna e uma maior vulnerabilidade aos incêndios florestais, além de exercer pressão sobre os recursos hídricos.

O turismo pode degradar e pôr em risco a ecologia através de utilizações incorrectas ou excessivas. A construção de infra-estruturas turísticas gerais (estradas e aeroportos) e de instalações turísticas (estâncias, hotéis, restaurantes, lojas, campos de golfe e marinas) pode levar à alteração estética e à perda de paisagem e de espaços abertos e afetar a vida selvagem e os ecossistemas. O turismo gera resíduos e poluição através das emissões do tráfego, da deposição de lixo, do aumento da produção de esgotos, do ruído, etc., que podem destruir gradualmente os recursos ambientais de que a zona depende, conduzindo ao declínio ecológico.

1.5 A razão de ser da investigação

A escala e a magnitude do turismo de massas moderno merecem investigação académica e estudos sobre diferentes aspectos relacionados com o turismo. Por exemplo, apesar dos seus benefícios económicos, o turismo tem tido um impacto negativo direto no ambiente de muitas zonas turísticas. Assim, é necessária uma investigação cuidadosa para estudar e avaliar os efeitos ecológicos resultantes das viagens e das acções de lazer, com o objetivo de compreender as características desses efeitos e fornecer um roteiro para promover um desenvolvimento turístico ecologicamente sustentável.

A região indiana de Leh e Ladakh tem sido recentemente alvo de grande atenção por parte de ambientalistas e académicos devido às alterações ambientais debilitantes que se verificam na região, muitas das quais atribuídas ao desenvolvimento indiscriminado atribuível ao turismo (Geneletti & Dawa, 2009). A explosão de nuvens e as inundações repentinas de 2010 neste deserto de grande altitude chamaram especialmente a atenção das pessoas para o impacto do turismo na frágil ecologia dos Himalaias de Ladakh.

É um facto que o turismo só pode prosperar numa área com o apoio dos residentes dessa área. Por conseguinte, as atitudes e as percepções dos residentes em relação ao desenvolvimento e aos impactos do turismo constituem um contributo significativamente importante para a classificação das prioridades estratégicas e de gestão do turismo. O tema da perceção dos impactos do turismo nos residentes locais tem merecido a atenção de investigadores de várias disciplinas, desde a antropologia à geografia, da economia à sociologia. A presente investigação visa contribuir de forma construtiva e criativa para o corpo de investigação sobre os pontos de vista dos residentes relativamente ao impacto ecológico do turismo, com especial incidência na popular região turística de Leh e Ladakh, na Índia.

1.6 Metodologia

Em termos simples, a metodologia de investigação é a forma como os problemas de investigação são resolvidos de forma sistemática (Jonker & Pennink, The Essence of Research Methodology: A Concise Guide for Master and PhD Students in Management Science, 2010). No âmbito desta metodologia, o investigador familiariza-se com as várias etapas, como a conceção e a abordagem da investigação, a amostragem e a recolha e análise de dados, geralmente adoptadas para estudar um problema de investigação.

1.6.1 Conceção e abordagem da investigação

A conceção e a abordagem da investigação propostas dependem da adequação da investigação que está a ser realizada (Flick, Introducing Research Methodology: A Beginner's Guide to Doing a Research Project, 2015). A conceção da investigação pode ser uma investigação primária, que implica a recolha de dados reais, ou uma investigação secundária, que implica o estudo e a compilação da literatura já disponível (Kumar R. , Research Methodology: A Step-by-Step Guide for Beginners, 2014). A investigação atual envolve métodos de investigação primária, em que o investigador recolhe os dados junto dos residentes de Leh e Ladakh.

Um estudo de investigação pode ter duas estratégias básicas - qualitativa e quantitativa. A investigação qualitativa é utilizada para compreender as razões, motivações e opiniões subjacentes através de perguntas abertas. A investigação quantitativa, por outro lado, é utilizada para quantificar atitudes, comportamentos e opiniões e emprega métodos estruturados de recolha de dados, como inquéritos, sondagens, etc. (Singh Y. , 2010). A presente investigação seguirá uma estratégia quantitativa para atingir os seus objectivos.

1.6.2 Amostragem

P amostragem probabilística e não probabilística são os dois métodos mais comuns. Enquanto na amostragem probabilística todos os indivíduos da população-alvo têm as mesmas probabilidades de serem seleccionados para o estudo, na amostragem não probabilística as amostras da população são seleccionadas com base no julgamento subjetivo ou na conveniência do investigador (Jonker & Pennink, The Essence of Research Methodology: A Concise Guide for Master and PhD Students in Management Science, 2010). Ambas as técnicas têm as suas vantagens e desvantagens e a decisão depende dos recursos de investigação (Flick, Introducing Research Methodology: A Beginner's Guide to Doing a Research Project, 2011). Os dados primários para esta investigação foram recolhidos utilizando a técnica de amostragem não probabilística e o investigador seleccionou os participantes à medida que estes estavam acessíveis.

1.6.3 Recolha e análise de dados

A investigação utilizará o método de recolha de dados do inquérito através de um questionário estruturado e normalizado, que incluirá perguntas fechadas, a fim de quantificar as respostas dos clientes. Os dados recolhidos serão depois preenchidos numa folha de Excel e quantificados através da enumeração das respostas.

1.7 Estrutura da dissertação

Esta dissertação está estruturada em capítulos.

Introdução

Este é o capítulo atual e explica o objetivo da investigação. Apresenta uma visão geral do conteúdo e da abordagem da dissertação. Inclui uma discussão dos objectivos e metas, uma explicação da(s) questão(ões) de investigação, uma discussão geral da metodologia de investigação adoptada e a estrutura da dissertação.

Revisão da literatura

Este capítulo apresenta os antecedentes do problema através de uma revisão da literatura relacionada e de relatórios de investigação. A literatura utilizada deve ser atual, mantendo assim uma relevância direta para a investigação em causa.

Metodologia

Este capítulo apresenta em pormenor as hipóteses e a metodologia de investigação selecionada, bem como as razões e a justificação dos métodos de investigação seleccionados.

Resultados, discussão e interpretação

Esta secção apresentará o resumo dos dados recolhidos. Discutirá as observações da análise de dados e apresentará os dados em várias formas e combinações diferentes que ajudarão na interpretação e na elaboração de conclusões.

Conclusões e recomendações

Este capítulo apresenta conclusões baseadas na conclusão da investigação e na interpretação dos significados e implicações das provas. Também relacionará as provas e as conclusões com a literatura relevante. Por último, apresenta recomendações e o âmbito da investigação futura.

Capítulo 2
Revisão da literatura

2.1 Introdução

Embora a descoberta esteja no centro da investigação, quase todas as descobertas significativas ocorrem dentro de um contexto. Qualquer pessoa interessada em adquirir uma compreensão séria das questões empresariais apreciará a oportunidade de efetuar uma pesquisa e análise da literatura. Esta é uma oportunidade para começar a desenvolver um conhecimento especializado e para explorar o contexto do seu interesse. Uma pesquisa e uma revisão da literatura são, portanto, a base sobre a qual se constrói uma investigação. A pesquisa fornece os blocos de construção e a revisão demonstra uma consciência detalhada da natureza da informação. No processo de construção do conhecimento, a pesquisa bibliográfica é um requisito fundamental de todos os projectos de investigação. Faz parte de qualquer processo de investigação e segue-se à definição de um tópico e à recolha preliminar de dados, o que, em conjunto, resulta numa compreensão abrangente da literatura e proporciona confiança profissional e uma prática informada. A revisão da literatura pode ser definida como o processo de seleção de documentos existentes sobre um tema que contenham dados, informações, provas, ideias, escritos a partir de um determinado ponto de vista, de modo a atingir determinados objectivos ou a apresentar determinados pontos de vista relacionados com o tema e a forma como este deve ser explorado, e a avaliação eficaz desses documentos em relação à investigação proposta (Ridley, 2012). Jesson, et al., (2011), afirmam que uma revisão da literatura é efectuada para mostrar a consciência e interpretar o que já é conhecido e, ao mesmo tempo, apontar as contradições e lacunas no conhecimento existente. A revisão da literatura ajuda a fornecer conhecimentos anteriores que podem ser utilizados como âncora pelo investigador para fundamentar novas ideias. Pesquisar e redigir uma boa revisão da literatura é uma tarefa exigente que requer competências de pesquisa de informação, pensamento analítico, capacidade de resumir e sintetizar informação, estilo de redação claro, etc. Machi & McEvoy, (2012) propuseram um modelo de revisão da literatura que enumera os processos de revisão da literatura.

Etapas da revisão da literatura

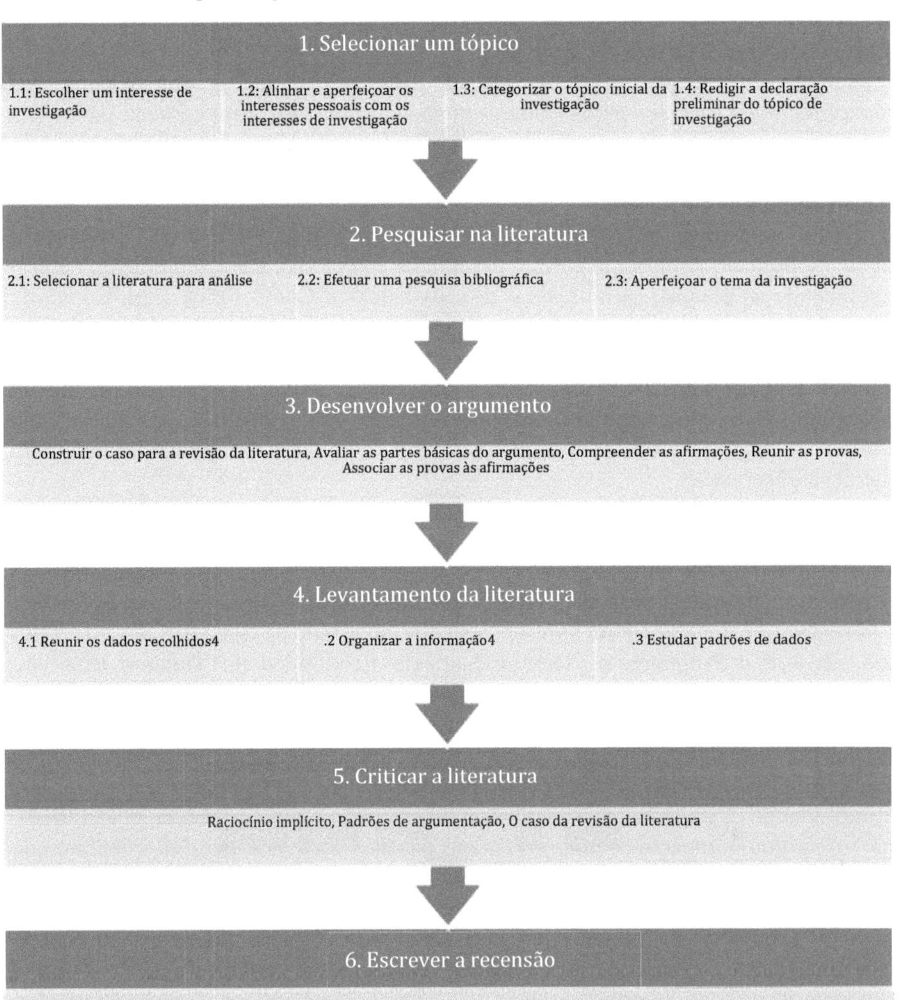
Figura 1: Etapas da revisão da literatura (Fonte: Machi & McEvoy, (2012))

O capítulo introdutório deste estudo de investigação salientou claramente a necessidade de avaliar os impactos positivos e negativos do turismo de massas num determinado destino, especialmente a perceção dos residentes em relação a esses efeitos. Os dados e relatórios das principais organizações de turismo (tal como mencionado no Capítulo 1) sugerem evidentemente que tem havido um crescimento exponencial do turismo internacional, com quase todos os países a disputarem a sua quota-parte deste negócio lucrativo. O enfoque no turismo e a investigação e os estudos daí resultantes também trouxeram à luz certos efeitos ambientais e socioculturais debilitantes do turismo nos destinos de acolhimento. Dado que o sector do turismo continua a crescer, é importante que os vários intervenientes no turismo, tais como as organizações internacionais de turismo e hotelaria, os governos, as autarquias locais e os prestadores de serviços de hotelaria e turismo, trabalhem em prol do desenvolvimento sustentável do turismo.

O capítulo 2 tem por objetivo analisar sistematicamente e tirar partido dos conhecimentos existentes para estudar o impacto do turismo, com especial incidência nos destinos indianos. O capítulo abordará o impacto do turismo no destino turístico indiano de Leh e Ladakh, bem como a perceção dos residentes.

2.2 Os impactos do turismo

O turismo tem lugar na confluência do ambiente humano e natural. Enquanto o ambiente humano engloba factores económicos e socioculturais, o ambiente natural compreende as plantas, os animais e os seus habitats. Como forma significativa de atividade humana, o turismo pode ter grandes impactos multifacetados, que podem ser uma combinação de dimensões económicas, sociais e ambientais inter-relacionadas (Mason, Tourism Impacts, Planning and Management, 2012). Os impactos do turismo podem ser positivos ou negativos. No entanto, o facto de o impacto ser percebido como positivo ou negativo também depende da posição de valor e da opinião do indivíduo que faz a observação.

Um estudo de Seetanah (2011), que explorou o papel desempenhado pelo turismo no crescimento económico de 19 economias insulares entre 1990 e 2007, sugere que o turismo teve um contributo significativo para o crescimento económico destas ilhas. O estudo também aponta para uma relação bi-causal entre o turismo e o crescimento. Resultados semelhantes foram apresentados por um estudo de Hanagriff & Lau (2009) que analisou o Programa de Desenvolvimento Económico do Turismo Rural do Departamento de Agricultura do Texas para medir o seu valor económico para a economia local. Os resultados do estudo mostraram que havia um retorno de 7,50 dólares por cada dólar de financiamento estatal, indicando assim um retorno positivo do valor do investimento do financiamento estatal.

Aprofundando os impactos económicos do turismo, um estudo de Mayer, et al. (2010), que investigou o impacto económico de seis parques nacionais alemães, concluiu que a despesa média diária por pessoa dos visitantes dos parques nacionais era consideravelmente inferior à média nacional. O estudo recomendou uma melhoria qualitativa dos serviços turísticos, uma melhor comercialização da marca distintiva do parque nacional e o apoio de uma base de oferta regional variada. De certa forma, o estudo implicava que a competitividade do destino poderia afetar o impacto económico do turismo num destino. No entanto, Webster & Ivanov, (2014), no seu estudo, refutam qualquer relação estatisticamente significativa entre a competitividade do destino e os benefícios económicos.

Os benefícios económicos do turismo beneficiam todas as partes interessadas em proporções variadas. Tendo em conta os benefícios económicos contínuos do turismo de um destino, as partes interessadas ignoram por vezes os impactos socioculturais e ecológicos prejudiciais do turismo. No seu estudo, Andersson & Lundberg, (2013), mediram os impactos de um evento turístico a partir de perspectivas de sustentabilidade. Os resultados demonstraram que, medidos em termos monetários, os impactos socioculturais têm o mesmo peso que os impactos económicos, enquanto o baixo valor de mercado dos direitos de emissão torna as preocupações ambientais insignificantes. Um estudo realizado por Perch-Nielsen, et al., (2010), indica o impacto ecológico prejudicial do turismo. De acordo com as conclusões do estudo, o sector do turismo na Suíça é mais de quatro vezes mais intensivo em gases com efeito de estufa (GEE) do que a economia suíça em média, sendo o transporte aéreo responsável pelas maiores emissões. Também um estudo pungente de Spoon, (2011/2012), aponta para a forma como o turismo pode alterar o tecido sociocultural do destino de acolhimento. O estudo sobre os Sherpas de Khumbu, baseados no Parque Nacional e na Zona Tampão de Sagarmatha (Monte Evereste), no Nepal, conclui que o turismo e outros caprichos da modernização influenciaram o seu conhecimento e compreensão ecológicos, como demonstrado pelo menor conhecimento dos valores espirituais entre as gerações mais jovens e os indivíduos integrados no mercado.

É claro que nem todos os impactos socioculturais e ecológicos são sempre negativos, uma vez que o turismo também ajuda a apoiar a cultura e as tradições e a chamar a atenção para as questões ecológicas. Um estudo efectuado por Chen, (2014) analisou o impacto da modernização e do turismo nas comunidades étnicas de três aldeias Dai típicas em Xishuangbanna. O estudo indica que, embora a modernização afaste algumas individualidades culturais étnicas da tradição, a força motriz endógena do desenvolvimento do turismo ajuda a trazê-las de volta à tradição, com um papel de liderança desempenhado pelas elites comunitárias e pela política e orientação do governo. Da mesma forma, um estudo de Viannaa, et al., (2012) indica como o turismo de mergulho com tubarões ajudou na conservação das populações de tubarões de recife em Palau, uma vez que o mergulho com tubarões se tornou um substituto económico mais lucrativo da pesca do tubarão, com a dispersão das receitas a beneficiar uma série de sectores da economia.

2.3 Turismo na Índia

De acordo com uma estimativa, as chegadas de turistas estrangeiros à Índia (FTAs) em 2010 foram de 5,58 milhões, uma taxa de crescimento anual de 8,1 por cento. Já o número de turistas nacionais, 740,21 milhões, registou uma taxa de crescimento anual de 10,7%. No entanto, a Índia ainda constitui uma percentagem muito pequena de 0,59 do total de chegadas de turistas internacionais e foi classificada (Abhyankar & Dalvie, 2013).

A Índia é um país com uma miríade de geografia física (dos poderosos Himalaias à região costeira tropical, das imensas planícies centrais à região nordeste densamente florestada), línguas, clima, povo, cultura, etc. Por conseguinte, existe uma multiplicidade de destinos concorrentes que oferecem diferentes tipos de atracções aos visitantes. Nos últimos anos, o sector do turismo tem sido adequadamente apoiado pela política governamental, bem como pelo progresso económico pós-liberalização (Hannam & Diekmann, 2010).

Como já foi referido, existe uma multiplicidade de atracções que disputam a atenção dos turistas na Índia. A Índia apresenta uma variedade de opções turísticas, que incluem o Turismo Ecológico, o Turismo de Peregrinação/Religião/Espiritual, o Turismo Histórico, o Turismo de Aventura, o Turismo Médico e um futuro Turismo Ayurveda. No entanto, a glória brilhante pertence ao Taj Mahal ou TAJ - um mausoléu de mármore branco-marfim em Agra, que está na lista de desejos de quase todos os viajantes internacionais que vêm à Índia. Trata-se de um caso clássico para estudar os impactos do turismo. Um estudo de Chakravarty & Irazabal, (2011) afirma que, apesar da designação do Taj Mahal e de dois outros sítios do património mundial, a cidade não registou avanços proporcionais no desenvolvimento da comunidade local. Ultimamente, muitos estudos têm também suscitado receios relacionados com os efeitos nocivos da poluição no Taj Mahal. Tripathi, et al. (2015), no seu estudo, sugerem que o ar da cidade tem concentrações comparativamente elevadas de partículas que absorvem a luz e que podem levar à descoloração das superfícies de mármore do Taj Mahal.

Goa é mais um destino na Índia que regista uma grande afluência de turistas. Os hippies descobriram a antiga colónia portuguesa na década de 1960, que se deslocou para lá devido às suas praias virgens de areia branca, aos habitantes locais discretos e à vegetação (Tribe, The Economics of Recreation, Leisure and Tourism, 2011). Numa investigação etnográfica muito interessante realizada por Groot & Horst, (2014), os entrevistados indianos sublinharam que Goa era um lugar onde podiam ser o seu "verdadeiro eu", justapondo este "verdadeiro eu" com os papéis tradicionais que desempenhavam no seu país. No entanto, nos últimos anos, esta contracultura liberal hippie juvenil, que Goa tinha absorvido, foi posta em causa com casos de crime, cultura da droga, perversão e uma degradação geral da estrutura social e cultural, tal como discutido num estudo de Kamat, (2010). O estudo sugere que o "turismo de aldeia" poderia ser uma solução provável para ultrapassar estes problemas. Existem outros inúmeros destinos turísticos populares na Índia. Segue-se o mapa turístico da Índia que oferece um vislumbre dos destinos turísticos espalhados por todo o país.

Figura 2: Fonte: Compare Infobase Limited & MapsOfIndia.com, (2016)

A Índia é também um grande defensor da espiritualidade, pois é o lar de tradições filosóficas como o hinduísmo e o budismo que ecoam os temas da energia, realização e conexão dinâmica. A banda de rock Beatles e o cofundador da Apple Inc., Steve Jobs, estão entre os viajantes internacionais que visitaram a Índia na sua busca de bem-estar espiritual (Tribe, Philosophical Issues in Tourism , 2009). No seu artigo, Haq, et al., (2009), afirmam que o quadro da abordagem de parceria pública e privada (PPP) pode ser efetivamente aplicado ao marketing mix do turismo para comercializar o turismo espiritual e citam iniciativas bem sucedidas de turismo espiritual PPP, como mosteiros budistas e templos hindus como Vaishno Devi em Jammu.

Outro subsector do turismo na Índia que está a surgir é o turismo médico. Este sector tem vindo a crescer, uma vez que o país oferece cuidados e tratamentos médicos de qualidade, ao nível dos países desenvolvidos, a um custo muito reduzido. De acordo com uma estimativa, o mercado do turismo médico na Índia, que atualmente ronda os 3 mil milhões de dólares, deverá atingir os 8 mil milhões de dólares em 2020 (Press Trust of India, 2015). No entanto, um ensaio pungente de Reddy & Qadeer, (2010) examina as implicações do turismo médico, levantando questões como as mudanças políticas que alteram os sistemas de saúde, a acessibilidade económica, a acessibilidade e a ética num Estado social democrático como a Índia, que tem menos do que a média de instalações de cuidados de saúde para as massas.

Estas foram algumas das facetas do turismo na Índia. No que diz respeito aos impactos do turismo no país, as secções seguintes estudarão o impacto económico, sociocultural e ecológico do turismo nos destinos indianos através do prisma dos conhecimentos existentes sobre o assunto.

2.4 Impacto económico do turismo nos destinos indianos

O turismo é um sector em rápido crescimento no mundo. Está a ganhar aceitação universal como um potente motor de desenvolvimento socioeconómico global devido às oportunidades de emprego que cria e ao desenvolvimento de infra-estruturas que daí resulta. O turismo também proporciona emprego aos residentes locais, beneficiando ainda mais o destino. A Índia apercebeu-se dos lucros que este sector pode proporcionar. Graças ao crescimento da sua economia e à sua promoção como uma nação culturalmente rica e diversificada, a indústria do turismo da Índia traz agora milhares de milhões de dólares para a economia todos os anos. Sem dúvida, o turismo é um sector gerador de divisas e de emprego. De acordo com Mitchell & Ashley (2010), existem três vias através das quais o turismo tem um impacto económico na população local: 1) Efeitos directos - emprego direto no sector do turismo; 2) Efeitos secundários - rendimentos indirectos e efeitos induzidos; e 3) Efeitos dinâmicos - alterações a longo prazo na economia em geral. Existem vários modelos que são utilizados para medir o impacto económico do turismo.

Quadro 1: Modelos para medir o impacto económico do turismo

Entrada Saída Modelo	Uma técnica económica quantitativa que analisa a relação entre diferentes indústrias de modo a compreender as interdependências e as complexidades da economia. O objetivo é manter o equilíbrio entre a procura e a oferta.
Modelo de matriz de contabilidade social	Um sistema de contabilidade económica que representa as contas macro e mesoeconómicas de um sistema socioeconómico e regista as transacções e transferências entre todos os agentes económicos do sistema.
Equilíbrio Geral Computável Modelo	O modelo utiliza dados económicos reais para aproximar a forma como uma economia pode reagir a **um** choque ou à implementação de uma reforma política específica

Foram realizados muitos estudos para estudar o impacto económico do turismo nos destinos de acolhimento. Um editorial da revista "Current issues in Tourism" (Taylor & Francis, 2011) propõe que o papel do turismo no crescimento económico regional/local se tornou maior para incluir e abordar desafios de desenvolvimento à escala global. O editorial afirma que o aumento da procura turística tem um efeito mais profundo nas economias dos países em desenvolvimento do que nas nações desenvolvidas. Salienta que o turismo emergiu como uma ferramenta de política social significativa para o desenvolvimento da comunidade, criando emprego e benefícios económicos para pessoas anteriormente desfavorecidas e desprivilegiadas nas economias em desenvolvimento.

O turismo é uma indústria baseada em serviços, que é adequada para países em desenvolvimento como a Índia, tal como sugerido por um estudo de Samimi, et al., (2011) que se centrou na relação entre o turismo e o crescimento económico nas nações em desenvolvimento. A investigação que se baseou no P-VAR (Panel-vetor auto regression) revelou que existe uma causalidade mútua e uma ligação positiva a longo prazo entre o crescimento económico e o desenvolvimento do turismo. Enquanto Samimi, et al., (2011) encontraram uma causalidade bilateral entre o crescimento económico e o desenvolvimento do turismo, Mishra, (2011), no seu estudo sobre a Índia, apresenta a fundamentação da causalidade unidirecional a longo prazo das actividades turísticas para o crescimento económico. Outro estudo realizado por Karar, (2010) reitera que o turismo se tornou um instrumento de desenvolvimento económico, citando o caso da cidade sagrada de Haridwar. O estudo analisa o facto de a reunião de muitos peregrinos todos os anos se ter revelado uma vantagem para Hardwar.

No entanto, existem outros estudos neste domínio que não concordam com as conclusões acima referidas. Pelo menos, questionam a extensão ou o grau de impacto económico do turismo no destino de acolhimento. Um estudo realizado por Srivastava (2011) avalia as razões pelas quais Agra, onde se situa o TAJ MAHAL e dois outros locais classificados como Património Mundial, não apresenta benefícios económicos decorrentes do turismo. O estudo exaustivo discute o facto de muitos turistas não terem conhecimento de outros monumentos para além do Taj e analisa também os problemas que os turistas enfrentam em Agra.

Os números mostram que o turismo médico tem um enorme impacto económico potencial. No entanto, um estudo de Hazarika, (2010), aprofunda mais do que apenas os aparentes impactos económicos do turismo médico para ter uma visão global que apresenta potenciais ameaças económicas e éticas do turismo médico, incluindo o aumento do custo do tratamento médico, o aumento da escassez de profissionais de saúde qualificados, o crescimento não regulamentado do sector privado, uma maior desigualdade no sistema de saúde e questões de acreditação.

Um outro estudo, realizado por Karanth & DeFries, (2010) analisou as implicações do turismo baseado na natureza em áreas protegidas (AP) como Ranthambore, Kanha, Sariska, Pench, Bandipur, Periyar, etc., na Índia. O estudo sugere que a contribuição das instalações turísticas para o emprego local é, na melhor das hipóteses, marginal e que, apesar de o turismo doméstico baseado na natureza poder suscitar o apoio do público à conservação, exemplifica o desafio de gerir as AP, que já estão a enfrentar a pressão das necessidades de subsistência das populações locais.

2.5 Impacto sócio-cultural do turismo nos destinos indianos

No seu livro, Huberman (2012) fala sobre o impacto do turismo estrangeiro em Banaras/Varanasi, centrando-se nas crianças que vendem bugigangas e quinquilharias ou que trabalham como guias não licenciados para turistas estrangeiros nos ghats (margens do rio) desta cidade sagrada. O seu trabalho de campo de 20 meses, com início no ano 2000, analisa a forma como as pessoas estão indecisas sobre o impacto do turismo estrangeiro, bem como as mudanças generalizadas que este está a provocar, conduzindo a alterações nos modos de vida tradicionais.

O modelo "Irridex" de G.V. Doxey fornece um quadro para a análise dos impactos socioculturais do turismo (Mason, Tourism Impacts, Planning and Management, 2015). De acordo com o modelo, as comunidades locais passam por uma sequência de reacções e percepções à medida que os impactos de uma indústria turística em evolução na sua área se tornam mais pronunciados. Inicialmente, os residentes locais ficam eufóricos, pois passam a usufruir de mais instalações e de uma maior variedade de escolhas. No entanto, segue-se a apatia, a irritação e, eventualmente, o antagonismo devido a factores como a tensão entre residentes e turistas, o ritmo de vida pessoal e comunitário cada vez mais agitado, a sobre-amplificação dos traços culturais, o sentimento de exclusão e alienação dos residentes, a sensação de perda de controlo sobre o futuro da comunidade e o afluxo de empresas externas.

Modelo Irridex de Doxey

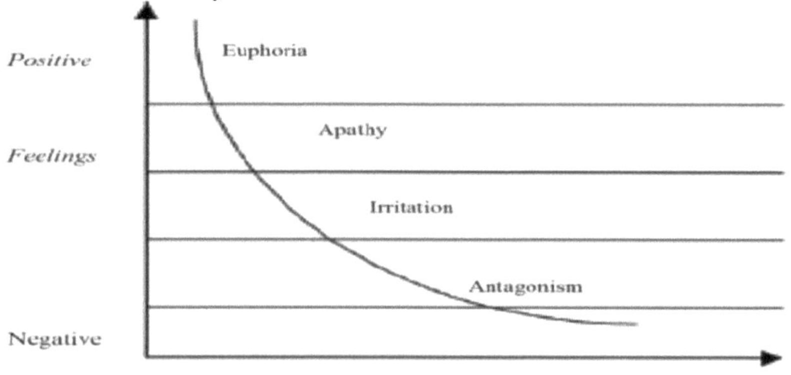

Figura 3: Modelo Irridex de Doxey (Fonte: Mason, (2015))

Qualquer debate sobre o impacto sociocultural do turismo é incompleto se não tiver em conta a perceção dos residentes do destino de acolhimento. Um estudo de Karanth & Nepal, (2012) oferece um ponto de vista comparativo das opiniões dos agregados familiares indianos e nepaleses sobre os benefícios e custos das áreas protegidas (AP), a sua mentalidade em relação à conservação em geral e a sua perspetiva em relação aos funcionários das AP. As respostas em relação ao turismo foram mais favoráveis no Nepal do que na Índia. Para além disso, o estudo sublinhou que a maioria tinha uma abordagem positiva em relação à existência e importância das AP, mas tinha opiniões negativas sobre o pessoal das AP. A maioria dos residentes considerou como benefícios o acesso a lenha, forragem e outros recursos das AP e como custos as perdas de colheitas e de gado causadas pela vida selvagem. Apesar das elevadas perdas decorrentes do facto de viverem em redor das APs, a maioria dos agregados familiares tinha atitudes globalmente positivas em relação aos esforços de conservação, o que implica que os residentes locais apoiam a conservação se os seus meios de subsistência não estiverem ameaçados. O estudo também destaca a eficácia das estratégias de base local e a necessidade de equilibrar os custos e as perdas para as pessoas que vivem à volta das AP.

Outro estudo de Singla, (2014) também se centra nas percepções da comunidade sobre os impactos socioculturais do turismo cultural e patrimonial no que diz respeito à cidade rosa de Jaipur, Rajastão. O estudo também examina o grau em que as percepções da comunidade correspondem à literatura existente sobre o impacto do turismo e tem em conta os efeitos das diferenças demográficas nas atitudes dos residentes em relação ao turismo. Os resultados do estudo revelam que os residentes de Jaipur percepcionam o desenvolvimento do turismo tanto de uma perspetiva positiva como negativa, mas a opinião dominante continua a ser positiva e otimista.

Muitos estudos têm estudado extensivamente os impactos do turismo. No entanto, um estudo realizado por (Sebastian & Rajagopalan, (2009) distingue-se por comparar as transformações socioculturais em dois destinos em Kerala, um dos quais sofreu uma intervenção planeada, enquanto o outro foi submetido a um desenvolvimento turístico aleatório. O artigo compara a sustentabilidade turística da intervenção planeada nas actividades turísticas em Kumily (incluindo a inclusão de antigos caçadores furtivos e pessoas marginalizadas no ecoturismo de base comunitária) com Kumarakom sem quaisquer intervenções. Os resultados indicam que a intervenção planeada em Kumily resultou num padrão de desenvolvimento turístico mais sustentável, ao passo que o desenvolvimento turístico aleatório em Kumarakom deu origem a vários desafios socioculturais.

No entanto, é frequentemente insinuado em vários estudos que o turismo resulta na mercantilização das tradições e da cultura, com o ajustamento da cultura, das tradições e das práticas para satisfazer as necessidades e os gostos do turista. Um desses estudos exploratórios foi realizado por Sinha, et al., (2016) sobre a forma como a genuinidade cultural é trabalhada e refinada pelas forças do mercado para se adaptar à fluidez da identidade moderna, no contexto dos restaurantes temáticos de Bengala em Calcutá. O estudo analisa os conceitos de "autenticidade mediada pelo mercado" e de cultura encenada e conclui que o mercado desempenha um papel dominante na caraterização da autenticidade e na criação das suas múltiplas pseudoformas que negoceiam entre múltiplas forças culturais globais e locais.

2.6 Impacto ecológico do turismo nos destinos indianos

O impacto ecológico do turismo tem sido objeto de análise e de muita atenção por parte de diferentes quadrantes em todo o mundo. No entanto, a relação entre o turismo e o ambiente é bastante complexa porque, por um lado, inclui muitas actividades como a construção de infra-estruturas e instalações turísticas (estradas, aeroportos, estâncias turísticas, hotéis, lojas, restaurantes, etc.) que podem ter efeitos ambientais adversos, enquanto, por outro lado, pode beneficiar o ambiente através da sensibilização para a proteção das zonas naturais, contribuindo assim para a proteção e conservação do ambiente (Programa das Nações Unidas para o Ambiente, 2016).

De acordo com Briassoulis & Straaten, (2012), as implicações ambientais da indústria do turismo podem ser classificadas em impactos directos, impactos "a montante" e "impactos a jusante". Os impactos directos incluem os impactos resultantes das viagens para um destino, tais como os transportes relacionados com o turismo (aviões, automóveis e veículos terrestres e marítimos de recreio); as actividades turísticas (passeios de barco, caminhadas, visitas turísticas, etc.); e o desenvolvimento relacionado com o turismo (alojamento, indústria de cruzeiros, etc.). Os impactos "a montante" resultam da capacidade dos sectores para exercerem a sua influência sobre o "ator" que está acima deles na cadeia de abastecimento dos serviços turísticos. Por exemplo, um hotel pode exercer influência a montante sobre o seu fornecedor para que este forneça produtos respeitadores do ambiente, como produtos de higiene pessoal biodegradáveis. Os impactos "a jusante" resultam da capacidade dos sectores para exercerem a sua influência sobre o "ator" que se encontra abaixo deles na cadeia de abastecimento dos serviços de turismo. Por exemplo, um agente de viagens ou um operador turístico pode influenciar um turista para que este opte por umas férias que envolvam uma caminhada ou um passeio de bicicleta ecológicos.

Há uma série de estudos que se centram nos impactos ou implicações ambientais do turismo. Enquanto a maioria deles culpa o turismo pela deterioração ecológica de um destino anfitrião, há alguns estudos que falam de destinos que utilizaram o turismo de forma positiva para proteger a sua economia e os seus recursos naturais.

No seu estudo, Bhadula, et al., (2014) analisaram o efeito das actividades turísticas na qualidade da água do Sahashtradhara Stream (Dehradun) em três locais diferentes (local de referência, principal atração turística e zona de diluição) durante todo o ano. Os resultados revelaram uma deterioração significativa da qualidade da água no local das actividades turísticas. Outro estudo de Rashid & Romshoo, (2013) avalia o efeito das actividades antropogénicas na qualidade da água do rio Lidder nos Himalaias de Caxemira. O estudo investiga as causas que podem estar a conduzir à deterioração da qualidade da água do outrora imaculado rio Lidder. A investigação analisou um total de 12 parâmetros de qualidade da água, em oito locais de amostragem com topografia variada e utilização/cobertura do solo distintas, durante um período de um ano inteiro. Os resultados revelaram que a qualidade da água se deteriorou mais durante os meses de junho-agosto, que correspondem à época alta do turismo e ao aumento da atividade agrícola/horticultura.

As inundações repentinas de Uttarakhand de 2013, com um número de mortos de cerca de 5000 pessoas, foram outra catástrofe natural que chamou a atenção para os efeitos devastadores do desenvolvimento aleatório em ecossistemas de montanha vulneráveis e frágeis (Kumar A. , 2013). O epicentro da tragédia foi a cidade-templo de Kedarnath, que é um centro de peregrinação hindu sagrado, muito visitado pelos devotos durante o verão. No seu estudo, Singh (2013) sublinha a importância da preservação do curso natural dos rios, das cascatas e das nascentes para um futuro sustentável. No que se refere a Kedarnath, também discute a forma como o aumento do número de pessoas que vivem na zona de perigo, a instalação/construção indiscriminada na zona de perigo, a invasão do leito do rio, a desflorestação e a utilização de explosivos para enfraquecer a resistência das rochas e a inclinação podem ter agravado a tragédia.

Embora os estudos supracitados apresentem um cenário sombrio sobre os efeitos do turismo no ambiente do destino de acolhimento, existem vários estudos de caso que mostram como o turismo está a ajudar na preservação e conservação dos recursos naturais. Um estudo de Singh & Munjal, (2015) aprecia a implementação bem sucedida de projectos de ecoturismo que envolvem a comunidade local nas grutas de Belum, a renovação das grutas de Borra e Jungle Bells em Tyda, em Andhra Pradesh. De acordo com o estudo, as iniciativas de ecoturismo empreendidas pelo Governo de Andhra Pradesh, incluindo parcerias público-privadas, estão a produzir excelentes resultados na promoção de um turismo ambiental, sociocultural e economicamente sustentável.

2.7 Visão geral de Leh e Ladakh

Uma terra como nenhuma outra, com uma superabundância de atracções para visitar e paisagens fantasmagóricas e fabulosas, pessoas e cultura surpreendentes, Ladakh é verdadeiramente um paraíso na Terra. Delimitado por duas das mais poderosas cadeias montanhosas do mundo, o Grande Himalaia e o Karakoram, situa-se ao lado de duas outras, a cadeia de Ladakh e a cadeia de Zanskar. Ladakh é místico em todos os domínios que abrange, desde a natureza, a geografia e as paisagens até às modestas culturas que fomenta. Desde os gompas aos sensacionais momos, a superabundância de atracções a visitar faz desta cidade o paraíso na terra. Diz-se que só em Ladakh é que um homem sentado ao sol com os pés à sombra pode sofrer de insolação e de queimaduras de frio ao mesmo tempo.

Ladakh é um deserto de grande altitude situado no estado de Jammu e Caxemira, na Índia, e estende-se desde a cordilheira de Karakoram, a norte, até à cordilheira dos Grandes Himalaias, a sul (Bera, 2015). A região de Ladakh cobre uma área de 40 000 milhas quadradas e é sustentada por uma população de apenas cerca de 2,7 lakh pessoas, a maioria das quais ganha a vida através da agricultura de subsistência (Menon, 2011). O clima aqui é extremo, com uma precipitação média de menos de quatro polegadas por ano e temperaturas de inverno que descem até aos - 40°F (Lovell-Hoare & Lovell-Hoare, 2014). É também chamado de mini Tibete, pois é o lar de um dos mais puros exemplos remanescentes da cultura budista tibetana.

A região de Ladakh foi aberta aos turistas em 1974 e 524 turistas visitaram-na nesse ano (Loondup, 2014). Em 2013, um número surpreendente de 1 37 702 visitantes fez uma viagem à terra dos abundantes desfiladeiros e do lama místico, com as suas montanhas elevadas, rios sinuosos, lagos cintilantes, mosteiros budistas, superfícies rochosas coloridas, a sua vasta natureza selvagem e interagiu com o seu povo generoso e a sua tradição única, cultura pré-industrial e estilo de vida (Menon, 2011). As duas cidades mais importantes de Ladakh são Kargil e Leh e as atracções turísticas incluem a cidade de Leh, o vale de Zanskar, o vale de Nubra, Pangonglake, a passagem de Khardungla, etc. Algumas partes de Ladakh ainda não estão abertas aos turistas devido à sua proximidade com as fronteiras da China e do Paquistão (Bera, 2015).

Imagens de Leh e Ladakh

Figura 4: Imagens de Leh e Ladakh (Fonte: Lonely Planet, (2016))

No seu livro Bora, (2004), relata de forma sistemática os primórdios da história de Ladakh. Os primeiros habitantes de Ladakh eram nómadas errantes da região tibetana. Instalaram-se no desfiladeiro de Chang-la e passaram a ser conhecidos como Changpas. Seguiram-se os Mons (uma antiga tribo indiana), enviados como missionários budistas do sul durante o reinado do rei Ashoka (272-231 a.C.). Durante o reinado do imperador Kushana Kanishka (78-110 d.C.), realizou-se em Caxemira o quarto concílio budista, que fez de Ladakh um centro do budismo na Índia. [th]Posteriormente, no século IX d.C., os mongóis de origem tibetana chegaram a Ladakh e estabeleceram aqui o seu poder político. Logo a seguir aos mongóis, chegaram os dardos do distrito de Hunza, em Gilgit, que se estabeleceram ao longo do fértil vale do Indo, criando as suas colónias em Drass, Da e Hanu. Durante o século X[th] , os Baltis migraram do Tibete ocidental. [th]Após a invasão muçulmana do século XIV, os Dards (estabelecidos em Drass) abraçaram o Islão. Mais tarde, os Baltis também se tornaram maometanos. Assim, por volta do século 3rd a.C., três sociedades étnicas distintas passaram a fazer parte do Ladakh e as suas interacções ao longo do tempo levaram à evolução de uma população e cultura Ladakhi integradas.

Há uma série de estudos que se centram na evolução dos aspectos socioculturais, económicos e geopolíticos desta terra que abriu as suas portas ao mundo exterior em 1974 (Loondup, 2014). Um estudo de Pelliciardi, (2013), discute a forma como Ladakh, que teve uma existência autossuficiente baseada principalmente na agricultura de subsistência, na pastorícia e no comércio de caravanas durante séculos, já não é autossuficiente na produção de cereais alimentares. O estudo chama a atenção para a importância de ser autossuficiente para este território sem saída para o mar e com rigorosas limitações de transporte. Um estudo geopolítico efectuado por Smith (2013) fala da forma como a identidade religiosa se tornou mais politizada no Ladakh do século XX. O estudo refere que os laços familiares inter-religiosos do passado deram lugar a relações tensas entre a maioria budista e a minoria muçulmana do distrito de Leh, com limitações ao casamento inter-religioso e reservas quanto às alterações demográficas, num contexto de estruturas religiosas remodeladas para se adaptarem a um contexto geopolítico em mutação. Outro estudo muito interessante de Ozer (2012) tenta encontrar uma relação entre as mudanças socioculturais e a psicopatologia dos jovens de Ladakhi. O estudo argumenta que o rápido desenvolvimento a que Ladakh foi sujeito após a sua abertura aos turistas em 1974 está a provocar uma maior multiplicidade nos jovens, para além de uma maior pressão e de um menor apoio cultural, o que pode estar a provocar um aumento da psicopatologia.

No entanto, não há dúvida de que o turismo contribuiu para melhorar os padrões de vida, proporcionando emprego e oportunidades de trabalho e, segundo uma estimativa, o turismo contribui em 50% para a economia de Leh (Loondup, 2014). O que em tempos foi uma terra árida que costumava estar isolada do mundo durante a maior parte do ano é hoje uma região próspera com melhores condições de educação, cuidados de saúde, agricultura, energia e transportes?

2.8 Impacto ecológico do turismo em Leh e Ladakh

De acordo com Menon (2011), embora o turismo tenha trazido benefícios económicos, também teve um impacto negativo direto no ambiente de Leh e Ladakh. Nos últimos cinco anos, foram manifestadas sérias preocupações quanto à alteração do clima em Leh e Ladakh, principalmente devido às alterações climáticas. De acordo com um relatório da rede OneWorld South Asia (2009), os glaciares da região estão a diminuir a um ritmo alarmantemente rápido e o Centro Internacional para o Desenvolvimento Integrado das Montanhas (ICIMOD) prevê que 35% dos glaciares de Ladakh terão desaparecido nas próximas duas décadas. No seu livro sobre Ladakh, Lovell-Hoare & Lovell-Hoare, (2014) discutem o facto de a quantidade de neve que cai em Ladakh ter diminuído, levando a receios de escassez de água. Os autores centram também a sua atenção nas chuvas torrenciais e nas inundações repentinas registadas em 2000, quando quatro polegadas de chuva em apenas 30 minutos levaram à destruição de casas em aldeias e em Leh, matando mais de 250 pessoas.

Shobha, (2009) opina que o turismo é um fenómeno relativamente recente em Ladakh, mas que o desenvolvimento aleatório e descontrolado afectou a configuração ecológica da região. Segundo ela, muitas instalações turísticas que tentam manter os padrões ocidentais exercem pressão sobre os escassos recursos hídricos. O Diretor Executivo da Autoridade de Desenvolvimento Turístico de Ladakh, Loondup (2014), cita um inquérito realizado no vale de Nubra, segundo o qual existem 852 quartos para turistas em Nubra, que consomem 30161 galões de água por dia. Para satisfazer as suas necessidades de água, os hotéis têm recorrido a fontes de água comunitárias ou transportado água através de camiões-cisterna.

Ladakh também se debate com problemas de resíduos - o grande volume de resíduos produzidos no sector moderno está a poluir a terra e a água (Menon, 2011). Muitos hotéis têm sistemas de esgotos à base de água que estão a contaminar os cursos de água locais. De acordo com um relatório publicado num jornal indiano, a procura de energia por parte dos turistas é muito superior às necessidades dos residentes locais e, para satisfazer as necessidades de arrefecimento, aquecimento, iluminação e transporte, os combustíveis fósseis estão a ser transportados por camião sobre os Himalaias, acrescentando fumos de gasóleo, fumo de carvão e óleo usado à lista de problemas ambientais de Ladakh (Datta, 2014). De acordo com Jina (2007), o boom do turismo também resultou na conversão indiscriminada de terras cultivadas em hotéis e pensões, o que provocou a perda de terras para animais de pasto, bem como a perda de habitat para espécies dos Himalaias, como o leopardo-das-neves, a marmota e o grou-de-pescoço-preto, etc.

Um estudo realizado por Geneletti & Dawa, (2009) avalia e tenta compreender os padrões de degradação ambiental induzida pelo turismo (particularmente devido a actividades relacionadas com o trekking) em Ladakh, nos Himalaias indianos. A investigação utilizou a modelação do Sistema de Informação Geográfica (SIG) e imagens de teledeteção para identificar os receptores ambientais potencialmente afectados e, subsequentemente, estudou os factores de tensão (utilização de trilhos, resíduos deixados para trás, campismo, pastoreio de animais de carga e condução fora de estrada) e os receptores (solo, água, vida selvagem, vegetação). Os resultados indicam que as bacias hidrográficas mais afectadas se situam nos trilhos mais frequentados e nos parques nacionais de Hemis e Tsokar Tsomoriri, na parte central e sudeste de Ladakh.

Outro estudo assinala os perigos do turismo para a qualidade da água e os problemas de saúde conexos na cidade de Leh, Ladakh. O estudo realizado por Gondhalekar, et al., (2013), escolheu a região semi-árida ecologicamente vulnerável de Leh Town, Ladakh, uma vez que está a sofrer alterações em grande escala devido à rápida expansão da sua indústria turística. O estudo realizado entre os anos 2012-2013 empregou inquéritos no terreno, utilizou cartografia SIG de fontes pontuais de poluição da água e analisou dados médicos secundários. Os resultados revelaram que se registou um aumento da incidência de diarreia na população local de Leh nos últimos 10 anos. Sugerem também que o aumento do consumo de água, associado à falta de infra-estruturas suficientes de água e saneamento, está a provocar uma grave poluição da água. Um estudo relacionado realizado por Dolma, et al., (2015) também discute a dinâmica da água na cidade de Leh, que está a mudar rapidamente. De acordo com o estudo, as águas subterrâneas obtidas através de nascentes forneciam água em abundância aos residentes, mas a urbanização crescente que conduziu a um surto de instalações de poços e ao aumento de uma enorme população flutuante durante a época alta do turismo coloca uma pressão adicional sobre os recursos hídricos limitados da zona. A eliminação de águas cinzentas/pretas em fossas ou fossas sépticas sem qualquer tratamento resultou ainda na poluição dos recursos hídricos subterrâneos. O estudo conclui que a qualidade das águas subterrâneas continua a ser adequada para consumo humano: 75% das amostras tinham uma unidade de turbidez nefelométrica acima do limite desejável.

2.9 Perceção dos residentes sobre o impacto do turismo

Num estudo, Woosnam (2011) argumenta que, durante muito tempo, a investigação sobre o turismo ignorou a importância de considerar os sentimentos da comunidade anfitriã e reitera que esta desempenha um papel significativo na formulação de atitudes sobre o turismo e o desenvolvimento do turismo. O estudo utilizou a Escala de Solidariedade Emocional (ESS) e os seus factores para prever os níveis da Escala de Atitudes face ao Impacto do Turismo (TIAS) e os seus factores. O estudo constatou que as escalas apresentavam uma elevada consistência interna, com cada um dos três factores da ESS (natureza hospitaleira, proximidade emocional e consideração simpática) a prever significativamente os dois factores da TIAS (apoio ao desenvolvimento do turismo e contribuição do turismo para a comunidade), com duas omissões.

Bagri & Kala (2016), no seu estudo sobre as atitudes dos residentes em relação ao desenvolvimento e aos impactos do turismo, propõem que a atitude dos residentes pode ser classificada em três categorias básicas: económica, sociocultural e ambiental. Como parte do seu estudo, os autores realizaram uma revisão exaustiva dos estudos e sugerem que cada categoria de impacto turístico tem repercussões positivas e negativas e, por vezes, a atitude dos residentes é contraditória. Por exemplo, os resultados económicos do turismo, tal como são percebidos pela comunidade anfitriã, incluem a criação de emprego, o desenvolvimento da economia local, o aumento do rendimento pessoal e dos investimentos na sua área, a melhoria das receitas fiscais e da qualidade de vida económica, enquanto, por outro lado, os residentes consideram que o desenvolvimento do turismo conduz a um aumento dos preços e a uma distribuição desigual dos benefícios económicos.

De acordo com Jain (2013), os residentes ou a comunidade de acolhimento são um componente essencial do sistema turístico no destino e constituem uma parte importante da experiência turística global. Assim, torna-se significativo estudar as atitudes dos residentes e a sua disponibilidade para participar no sistema/processo turístico. Um estudo realizado por Singh & Singh, (2011) teve como objetivo investigar a forma como os residentes em Ladakh percepcionam o impacto do turismo na sua comunidade e investiga os factores que influenciam a sua atitude. Os resultados da investigação revelaram que os inquiridos estavam conscientes dos impactos positivos e negativos do turismo, sendo que a maioria da população anfitriã parecia entusiasmada com as propostas de crescimento e desenvolvimento do turismo.

Uma relação interessante entre as atitudes dos residentes e o ciclo de vida do turismo de um destino foi discutida por Murphy em 2013. Este autor considera que as atitudes da comunidade de acolhimento e a perceção do desenvolvimento do turismo estão significativamente associadas às fases de desenvolvimento do turismo. Nas fases iniciais do desenvolvimento do turismo, os residentes podem ser apenas espectadores passivos, mas envolvem-se quando o turismo começa a prosperar antes de desenvolverem resistência aos impactos negativos provocados pelo turismo.

Um estudo de Chhabra, (2010) tenta encontrar uma ligação entre as atitudes da comunidade de acolhimento, o ciclo de vida do turismo e diferentes teorias sociais. O estudo examina a fase atual do turismo em Ladakh (Índia) e coloca a hipótese de que o desenvolvimento das atitudes da comunidade de acolhimento, à medida que o turismo progride de uma fase do ciclo de vida do turismo (CVT) para a seguinte, é influenciado por uma combinação de factores desencadeantes, tais como as teorias da troca social, da perturbação social, Lamarckiana e do Caos, e refere-se a esta como o quadro do CVT desencadeado. O estudo conclui que os factores de desencadeamento identificados exercem uma influência poderosa em várias fases e que se detecta uma perspetiva positiva e favorável ao desenvolvimento do turismo nas fases mais avançadas do ciclo de vida.

2.10 Planeamento turístico e elaboração de políticas para um turismo ecologicamente sustentável De acordo com a definição dada pela Organização Mundial do Turismo (OMT), o turismo sustentável é o desenvolvimento turístico que satisfaz as necessidades dos turistas actuais e das regiões de acolhimento, ao mesmo tempo que protege e aumenta as oportunidades para o futuro (UNESCO Regional Bureau for Science, 2006). Visualiza a gestão e o planeamento do turismo de todos os recursos a serem realizados de forma a que as necessidades económicas, sociais e estéticas possam ser satisfeitas, mantendo a veracidade cultural, os processos ambientais necessários, a diversidade biológica e o sistema de suporte de vida. Um relatório da Organização Mundial do Turismo (OMT), (2008), descreve os princípios do turismo sustentável como sendo a melhoria do bem-estar geral das comunidades anfitriãs, o apoio à proteção e conservação do ambiente natural e cultural, o reconhecimento da qualidade do produto turístico e da satisfação do turista e a aplicação de uma gestão adaptativa e de uma monitorização adequada.

O turismo sustentável não beneficia apenas o ambiente e as comunidades locais: tem também vantagens económicas. Vamos descobrir porque é que escolher alojamentos ecológicos é tão importante hoje em dia.

O turismo sustentável é de importância primordial para o nosso planeta e para o seu futuro. A própria ONU consagrou o ano de 2017 como o Ano Internacional do Turismo Sustentável. O planeamento turístico e a elaboração de políticas para um turismo ecologicamente sustentável requerem uma intervenção e uma gestão extensiva da mudança. De acordo com Wang, (2011), o Modelo do Ciclo de Vida da Área Turística (TALC) proposto por R.W. Butler em 1980 ainda pode ser utilizado para o planeamento e a política do turismo, uma vez que se centra na natureza dinâmica dos destinos e sugere um processo abrangente de desenvolvimento e declínio potencial que pode ser evitado por intervenções adequadas de planeamento, gestão e desenvolvimento. O modelo fala da capacidade de carga económica, sociocultural e ambiental de um destino; os factores que devem ser considerados para tornar um destino turístico mais sustentável.

Modelo de Ciclo de Vida da Área Turística de Butler

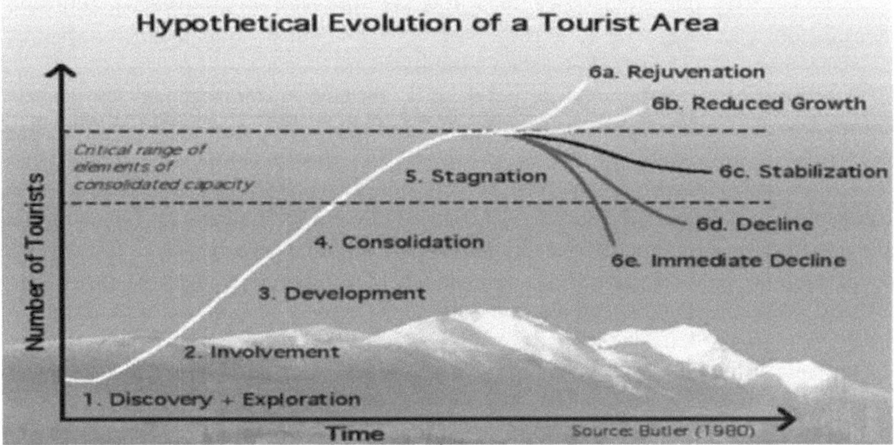

Figura 5: Modelo de Ciclo de Vida da Área Turística de Butler (Fonte: Pearce, (2012))

O modelo sugere que existe um padrão comum de desenvolvimento do turismo durante o qual uma estância turística passa por várias fases - exploração (um pequeno número de pessoas à procura de algo novo e diferente descobre um local, o local pode não ter serviços turísticos ou envolvimento dos habitantes locais em actividades turísticas lucrativas); envolvimento (os habitantes locais começam a envolver-se na oferta de serviços turísticos como alojamento, alimentação, transporte, etc., começa a formar-se uma estação turística); desenvolvimento (as grandes empresas reconhecem o potencial turístico do local e investem dinheiro na região, o destino anfitrião começa a publicitar-se, aumenta o número de oportunidades de emprego para os habitantes locais); consolidação (como resultado do domínio do turismo, outras indústrias locais, como a pesca ou a agricultura, podem sofrer, podem começar a surgir tensões entre os habitantes locais e os turistas, o crescimento do número de turistas pode diminuir com uma base de clientes de menor qualidade); e estagnação (as instalações turísticas podem ficar degradadas com a possibilidade de declínio do número de turistas) (Butler, 2011). Quando a estagnação se instala, há uma série de possibilidades, dependendo da ação ou inação oportuna das partes interessadas envolvidas, incluindo o rejuvenescimento, a redução do crescimento, a estabilização, o declínio e o declínio imediato.

Um estudo realizado por Kamat, (2010) que avaliou o desempenho e a avaliação da indústria do turismo em Goa com referência ao modelo do ciclo de vida do destino, entrevistando os turistas, revela que o turismo de praia do Estado ainda está longe da tão apregoada fase de estagnação. O estudo sugere também que a introdução do "turismo de aldeia" e a adoção de um planeamento e de uma estruturação adequados da indústria do turismo, tendo em conta o modelo do ciclo de vida do destino, ajudariam a injetar um elemento de sustentabilidade.

Um estudo de Olafsdottir & Runnstrom, (2009), promulga a utilização da abordagem SIG para avaliar a sensibilidade ecológica para planear o crescimento do turismo segundo linhas sustentáveis em ecossistemas frágeis e vulneráveis. O estudo visava desenvolver uma metodologia para gerar um sistema de apoio à decisão turística baseado no SIG que ajudasse a classificar os factores e variáveis de impacto identificados e as categorias de sensibilidade ecológica que podem ajudar os decisores no planeamento e na gestão do turismo sustentável.

O planeamento e a elaboração de políticas de turismo sustentável não são apenas prerrogativas do governo, mas requerem a colaboração de todas as partes interessadas envolvidas e um estudo de Jamal, et al., (2011) ilustra como uma colaboração académica-comunitária que envolveu estudantes universitários, partes interessadas do sector público e privado do destino anfitrião, para além de diversos residentes rurais que trabalharam temporariamente em equipa para explorar uma questão e um desafio do património cultural, permitiu a aprendizagem colaborativa, o envolvimento de diversas comunidades e o serviço comunitário. O estudo propõe que o pensamento crítico e progressivo, o conhecimento prático e a abordagem colaborativa da pedagogia do turismo sustentável (PTS) facilitam a *phronesis* (sabedoria prática) e a *praxis* (mudança social).

O planeamento do turismo sustentável e a elaboração de políticas é uma tarefa complexa, como exemplificado num estudo de Whitford & Ruhanen, (2010) que analisa as políticas da Austrália para sustentar o turismo indígena quanto ao seu conteúdo de turismo sustentável. O estudo cita um estudo qualitativo que revela que as políticas exibem uma "retórica de sustentabilidade" e carecem de firmeza e intensidade para concretizar quaisquer medidas legais no sentido de alcançar o desenvolvimento do turismo sustentável para os povos indígenas. O estudo critica o quadro de "tamanho único" para o desenvolvimento do turismo indígena e salienta a necessidade de aproveitar a diversidade indígena e, de forma consistente, colaborativa, coordenada e integrada. Para aumentar a eficácia e a adequação das políticas de desenvolvimento do turismo sustentável, um estudo de Nguyen, et al., (2011) introduz o novo conceito de criação de "Laboratórios de Aprendizagem" para o desenvolvimento do turismo sustentável. O estudo centra-se num projeto-piloto abrangente na Reserva da Biosfera de Cat Ba (CBBR), no Vietname, onde foi criado um "laboratório de aprendizagem" para determinar o funcionamento e as interacções entre as dimensões política, social, ambiental e económica da reserva e ajudou a identificar os principais pontos de alavancagem e os locais onde as intervenções sistémicas serão mais eficazes.

No entanto, mesmo depois de o governo ter formulado uma política de turismo sustentável, existem impedimentos à sua implementação em destinos turísticos de massas, tal como se afirma num estudo realizado por Dodds & Butler, (2010). A investigação foi realizada em dois locais específicos no Mediterrâneo - Malta e Calvia - e os resultados revelaram que, apesar de estarem conscientes do turismo sustentável, os residentes consideravam que os benefícios individuais da exploração de recursos comuns partilhados eram melhores do que as prováveis perdas partilhadas a longo prazo em consequência da deterioração desses recursos. Assim, o estudo implicou que não existe grande motivação para que os actores individuais invistam ou se empenhem no turismo sustentável.

Capítulo 3
Metodologia

3.1 Introdução

O primeiro capítulo desta dissertação ofereceu um vislumbre da metodologia de investigação a ser seguida neste estudo. O Capítulo 3 discutirá em pormenor os métodos, instrumentos e técnicas, incluindo a abordagem, a conceção e a estratégia de investigação, bem como o método de recolha de dados que foram utilizados para atingir os objectivos principais da investigação. Aprofundará a lógica subjacente à escolha dos métodos utilizados para efetuar a investigação, incluindo a elaboração do questionário e os métodos de análise dos dados. Segundo Kumar (2010), a explicação da metodologia é importante porque ajuda os outros a compreender o funcionamento da investigação, bem como a delinear os seus pontos fortes e limitações. Além disso, a análise dos métodos de estudo e dos dados a partir de diferentes perspectivas garante uma abordagem completa da questão de investigação (Clough & Nutbrown, 2012).

O capítulo 2 analisou em pormenor os impactos socioculturais, económicos e ecológicos do turismo, com especial destaque para o impacto ecológico do turismo em Leh e Ladakh e a perceção que os residentes têm desse impacto. No que diz respeito à atitude dos residentes em relação ao desenvolvimento do turismo, a análise da literatura revelou opiniões divergentes sobre o assunto. Verificou-se igualmente que não existe uma abordagem global sacrossanta da política e do planeamento do turismo para um turismo sustentável. Por conseguinte, é muito importante que as partes interessadas no turismo em Leh e Ladakh verifiquem os danos causados ao frágil ecossistema e tomem medidas preventivas para salvaguardar o ambiente. A ideia subjacente não é bloquear o turismo, mas sim adaptar medidas que tornem o turismo sustentável para a ecologia, a cultura, a sociedade e a economia de Ladakh.

3.2 Paradigma de investigação

A classificação canónica de paradigma pode ser atribuída ao historiador e filósofo Thomas Kuhn, cuja monografia *A Estrutura das Revoluções Científicas* é considerada um ponto de referência significativo nas discussões filosóficas e metodológicas (Bellamy & Perri, 2011). O paradigma de investigação reúne os aforismos e a filosofia em que se orienta a prática científica de uma disciplina e descreve a estrutura dos métodos de investigação aceites (Flick, Introducing Research Methodology: A Beginner's Guide to Doing a Research Project, 2015). Determina o que deve ser observado e examinado, que questões de investigação são consideradas importantes, o que conta como dados pertinentes e como esses dados devem ser interpretados, e que estrutura esperar.

Os paradigmas mais comummente descritos são o Realismo, o Positivismo e o Interpretativismo. Todas as abordagens têm as suas próprias crenças, termos, processos e técnicas para estudar o fenómeno social e o modo de investigação é determinado pela atividade de investigação a realizar. Enquanto o paradigma positivista dá ênfase à observação e à razão como meios para compreender o comportamento humano, o realismo baseia-se mais nos acontecimentos sociais históricos e o interpretativismo salienta que cada indivíduo constrói a sua própria realidade, pelo que existem múltiplas interpretações (Flick, Introducing Research Methodology: A Beginner's Guide to

Doing a Research Project, 2015). Enquanto o positivismo e o realismo se prestam melhor à investigação quantitativa, o paradigma do interpretativismo está associado à investigação qualitativa.

O Capítulo 2 reuniu vários pontos de vista, noções, teorias e modelos da literatura existente para construir as bases deste estudo de investigação. Por conseguinte, este estudo seguiu o paradigma positivista, que tenta compreender o ponto de vista dos residentes sobre os efeitos ecológicos das viagens e do lazer em Leh e Ladakh, na Índia. Isto ajudaria a compreender os pontos de vista e as percepções dos residentes locais relativamente ao desenvolvimento do turismo, o que é muito importante, uma vez que qualquer projeto de desenvolvimento turístico que não tenha o apoio e a cooperação da comunidade anfitriã pode eventualmente enfrentar alguns problemas.

O positivismo generaliza estatisticamente o conhecimento a uma população através da análise estatística das observações, utilizando ferramentas científicas e conduzindo a investigação de uma forma imparcial que não é influenciada pelas emoções, pensamentos, crenças e sentimentos do investigador (Johnson & Christensen, 2010). Assim, este estudo baseou-se no positivismo, que ajudou o investigador a apresentar resultados fiáveis, válidos e exactos.

3.3 Abordagem de investigação

A investigação primária e a investigação secundária são os dois métodos que podem ser utilizados para analisar e sintetizar provas e resolver um problema de investigação (Petre & Rugg, 2010). A investigação primária envolve a realização de investigação original para recolher diretamente dados especificamente para a necessidade de investigação atual. Pode ser realizada através de inquéritos, entrevistas com indivíduos ou grupos de discussão, questionários ou observação de comportamentos ou realização de uma experiência. A investigação secundária, por outro lado, utiliza dados já existentes, previamente investigados para outros fins e publicamente disponíveis, como relatórios de investigação publicados, jornais, censos, inquéritos, relatórios científicos, etc. Este estudo de investigação baseou-se na investigação secundária para efetuar a revisão da literatura, que constitui a base da investigação. No entanto, optou-se pela investigação primária para responder às questões de investigação e atingir o objetivo da investigação.

Uma vez definidos o problema de investigação e os objectivos, é determinado um desenho de investigação adequado. A maior parte dos investigadores utiliza dois tipos de abordagens de investigação - a indução e a dedução - para decidir sobre uma conceção de investigação adequada (Walliman, 2010). Na abordagem indutiva, as proposições gerais, as explicações e as teorias são desenvolvidas com base na observação de dados empíricos. Em contrapartida, a dedução é a recolha de dados para testar ou verificar a própria teoria/hipótese. Na abordagem dedutiva, as conclusões são tiradas através da análise e interpretação dos dados obtidos. Enquanto a investigação indutiva está associada à investigação interpretativa, qualitativa e exploratória que visa a criação/construção de teorias, a investigação dedutiva está associada à investigação quantitativa que visa testar a teoria.

Tanto a abordagem indutiva como a dedutiva têm as suas vantagens e desvantagens. A abordagem indutiva é mais adequada para situações em que a nossa informação é incompleta. A desvantagem é que, uma vez que o investigador faz parte do que está a ser investigado, torna-se relativamente subjectiva e não pode garantir as suas conclusões. Por outras palavras, os resultados não são generalizáveis. Na abordagem dedutiva, que segue uma metodologia mais quantitativa e estruturada, a generalização dos resultados obtidos pelas amostras é necessária para testar a teoria (Ekinci, 2015). Os objectivos da investigação no Capítulo 1 seriam alcançados através da abordagem dedutiva. A fim de conhecer as opiniões dos residentes sobre os efeitos ecológicos das viagens e do lazer na região de Leh e Ladakh, foram recolhidos e analisados dados empíricos de forma adequada.

3.4 Conceção da investigação

Uma vez identificado o problema de investigação, pode ser desenvolvida uma conceção de investigação adequada (um projeto de metodologia de investigação). A conceção da investigação inclui questões metodológicas como os tipos de estudo, o contexto do estudo e a determinação das amostras e das técnicas de recolha de dados. Os estudos de investigação que têm o questionário como caraterística podem ser divididos em três categorias, consoante o seu objetivo: exploratório, descritivo e explicativo (ou teste de hipóteses) (Bellamy & Perri, 2011).

O estudo descritivo é realizado quando já se conhece uma grande quantidade de informação (através de revisões da literatura, perguntas de resposta aberta, entrevistas aprofundadas, observações, etc.) sobre o tema geral da investigação e as características das variáveis relacionadas com o tema; os estudos explicativos são realizados para analisar a natureza das relações entre variáveis que podem ser co-relacionais ou causais; a investigação exploratória é realizada quando o conhecimento ou a investigação sobre o problema de investigação são limitados (Bergh & Ketchen, 2009). Esta investigação segue uma conceção de investigação combinada baseada nos princípios da investigação exploratória. Optou-se por este tipo de investigação porque o conhecimento sobre as opiniões dos residentes relativamente aos efeitos ecológicos das viagens e do lazer na região de Leh e Ladakh é insuficiente/limitado.

3.5 Estratégia de investigação

A estratégia de investigação refere-se aos métodos ou ao percurso seguido pelo investigador para responder às questões de investigação e indica geralmente como, quando e onde o investigador tenciona recolher os dados, o tipo de dados que tenciona recolher, os recursos à disposição do investigador, as considerações éticas a ter em conta durante a recolha dos dados, etc. (Bryman, 2012). A estratégia de investigação para a recolha de dados pode ser dividida, em termos gerais, em métodos quantitativos e qualitativos.

A investigação qualitativa é adequada para adquirir uma compreensão aprofundada das razões, opiniões e motivações subjacentes e ajuda a desenvolver ideias ou hipóteses para uma potencial investigação quantitativa (Clough & Nutbrown, 2012). Tem uma natureza mais subjectiva e é utilizada para aprofundar o problema. Os métodos de recolha de dados são técnicas não estruturadas ou semi-estruturadas, incluindo grupos de discussão, entrevistas individuais e participação/observações. De acordo com Flick (2011), os métodos de investigação qualitativa são mais flexíveis, uma vez que permitem ao investigador orientar a discussão para obter mais informações, bem como dar aos inquiridos mais liberdade para exprimirem os seus pontos de vista. No entanto, de acordo com Ekinci (2015), os métodos de investigação qualitativa têm uma pontuação baixa em termos de validade e reprodutibilidade. Além disso, afirma que a investigação qualitativa tem de ser mais fundamentada pela investigação quantitativa para ajudar a aumentar a fiabilidade, a validade e a generalização.

A investigação quantitativa envolve dados numéricos e é utilizada para quantificar atitudes, opiniões, comportamentos e outras variáveis definidas, o que permite generalizar os resultados de uma amostra para toda uma população de interesse (Kumar R. , Research Methodology: A Step-by-Step Guide for Beginners, 2014). Os métodos de recolha de dados incluem inquéritos, entrevistas estruturadas, observações sistemáticas, estudos longitudinais, sondagens em linha e análises de registos/documentos para obter informações numéricas, etc. Walliman (2010) considera que, em comparação com os métodos qualitativos, os métodos quantitativos são mais sistemáticos e estruturados e fornecem resultados que podem ser utilizados para avaliar as relações e a dependência entre diferentes variáveis de investigação. Os métodos de investigação quantitativa têm um elevado grau de reprodutibilidade e, por conseguinte, uma elevada fiabilidade e validade.

Este estudo optou por uma estratégia quantitativa para atingir os objectivos da investigação. Isto ajudou o investigador a recolher dados empíricos e a aplicar ferramentas estatísticas para avaliar a perceção dos residentes de Leh e Ladakh sobre os efeitos do turismo na ecologia.

3.6 Recolha de dados

Um estudo de investigação pode utilizar dados primários, dados secundários ou uma mistura de ambos. Quando os dados existentes sob a forma de investigações anteriores, inquéritos, censos, etc. são utilizados para tirar conclusões, são designados por dados secundários. Por outro lado, quando uma investigação gera dados novos utilizando ferramentas e técnicas adequadas, designa-se por dados primários (Bellamy & Perri, 2011). Esta investigação utilizou a técnica de recolha de dados primários.

Há uma variedade de técnicas quantitativas para recolher dados empíricos da população em estudo. A população do estudo é o conjunto completo de indivíduos que podem ser considerados como respondendo à técnica de recolha de dados (Flick, Introducing Research Methodology: A Beginner's Guide to Doing a Research Project, 2015). Para este estudo de investigação, foram considerados como população de estudo todos os residentes de Leh e Ladakh que tenham permanecido na região durante, pelo menos, os últimos cinco anos. No entanto, o estudo utilizou determinadas perguntas de seleção para restringir a população do estudo. O estudo só seleccionou como inquiridos os residentes com idade igual ou superior a 18 anos, a fim de garantir um certo nível de compreensão e maturidade. Os residentes foram abordados e cumprimentados com uma apresentação do investigador e foi-lhes dada uma explicação concisa da investigação. Em seguida, foi-lhes perguntado se se mantinham a par da evolução do turismo em Ladakh. Aos residentes que responderam afirmativamente, foi então pedido o seu consentimento para participarem na investigação.

3.6.1 Método de amostragem

Flick, (2015) descreve uma série de requisitos para uma amostra, incluindo a necessidade de a amostra ser uma representação minimizada da população em estudo no que diz respeito à heterogeneidade dos elementos e à representatividade das variáveis, elementos de amostra claramente definidos e uma população clara e empiricamente definida. Existem duas categorias principais de técnicas de amostragem na investigação quantitativa: amostragem probabilística e amostragem não probabilística. Na amostragem probabilística, são utilizadas técnicas de seleção aleatória. Neste caso, as diferentes unidades da população em estudo têm a mesma possibilidade ou probabilidade de serem seleccionadas. A amostragem não probabilística não implica uma seleção aleatória e os sujeitos são geralmente seleccionados com base na sua facilidade de acesso ou na discrição pessoal propositada do investigador (Bellamy & Perri, 2011).

Quadro 2: Técnicas de amostragem probabilística e não probabilística

Amostragem de probabilidade	Amostragem não probabilística
Amostragem aleatória: cada sujeito tem uma hipótese de ser selecionado	**Amostragem por conveniência:** os sujeitos são escolhidos de acordo com a conveniência do investigador
Amostragem estratificada: os sujeitos são seleccionados após a formação de subconjuntos da população em estudo	**Amostragem por julgamento:** os sujeitos são escolhidos de acordo com o julgamento do investigador
Amostragem sistemática: os sujeitos são seleccionados de acordo com um início aleatório	**Amostragem por quotas:** os sujeitos são seleccionados em função da caraterística que é considerada como
e um intervalo periódico fixo	base do contingente

	Amostragem em bola de neve: selecciona indivíduos referidos por outros indivíduos seleccionados

Uma vez que a maioria dos investigadores está limitada pelo tempo, pelo dinheiro e pela mão de obra, não é possível recolher amostras aleatórias de toda a população, pelo que se recorre à técnica de amostragem não probabilística. O presente estudo de investigação utilizou uma técnica de amostragem não probabilística por conveniência. Esta técnica era a mais adequada, uma vez que não era possível selecionar aleatoriamente os sujeitos de toda a população de Ladakh. As perguntas de seleção foram utilizadas para restringir os inquiridos a estudar. A amostragem não probabilística por conveniência é uma das técnicas mais económicas para estudos de investigação por questionário. Foi recolhida uma amostra de 100 pessoas, das quais 98 responderam na íntegra ao questionário. Duas das folhas de resposta estavam incompletas, pelo que foram rejeitadas.

3.6.2 Método de recolha de dados

Os residentes de Ladakh foram contactados utilizando a técnica de amostragem não probabilística por conveniência e foram apresentados ao investigador e ao tema. A amostra do estudo era constituída por residentes locais variados, tais como lojistas locais, pessoas sentadas à porta das casas, guias turísticos, empregados de hotel, estudantes, professores, etc. Uma vez que muitos residentes não se sentiam à vontade com o uso da língua inglesa, foi assegurada a ajuda de um habitante local para conversar com eles em hindi ou nas línguas locais faladas no local. Foi apresentado aos residentes um breve historial da investigação. Foram colocadas as seguintes perguntas de seleção, de modo a decidir se o inquirido poderia responder ao questionário.

a. Confirme a sua idade (pergunta seguinte se tiver mais de 18 anos)

b. É residente em Leh-Ladakh há 5 anos ou mais? (Pergunta seguinte se a resposta for afirmativa)

c. Mantém-se a par da evolução do turismo em Leh-Ladakh? (Próxima pergunta se a resposta for sim)

d. Está disposto a participar no inquérito para a investigação? (O residente é selecionado se estiver disposto)

3.6.3 Estudo-piloto

Os estudos-piloto são estudos preliminares realizados numa escala limitada como ensaio para aperfeiçoar a conceção da investigação ou um instrumento de investigação específico, como o questionário (Ekinci, 2015). Para testar o questionário, o questionário desenvolvido é apresentado a um pequeno conjunto de inquiridos simulados para verificar se as perguntas obtêm o tipo de respostas desejado e se são bem compreendidas. Por outras palavras, o teste-piloto ajuda a avaliar a fiabilidade e a validade do questionário (Daniel & Sam, 2010). Este estudo efectuou um estudo-piloto do questionário, apresentando-o a cinco residentes, a fim de confirmar se as perguntas e as suas respostas seriam adequadas para o investigador atingir os objectivos da investigação. O questionário obteve as respostas necessárias e pôde ser respondido em 10-12 minutos. As perguntas foram bem compreendidas, com exceção de duas perguntas, que foram alteradas em conformidade. O teste-piloto também revelou a necessidade dos serviços de um perito linguístico local que possa traduzir as perguntas ou certas palavras de acordo com a compreensão dos habitantes locais inquiridos.

3.7 Desenvolvimento do questionário

O questionário foi elaborado através da fusão de perguntas de uma série de instrumentos normalizados que abrangem diferentes facetas da perceção dos residentes sobre o impacto ecológico do turismo. O questionário incluía cinco perguntas gerais relativas aos aspetos demográficos dos inquiridos. No entanto, em vez de utilizar uma pergunta sobre as habilitações literárias dos inquiridos, procurou-se obter pormenores relacionados com a profissão. Isto foi feito porque o nível de literacia não é muito elevado em Ladakh (Bera, 2015). Além disso, uma vez que muitos dos empregos em Ladakh são apoiados pelo turismo, a pergunta relacionada com a ocupação perguntava especificamente se a profissão do inquirido estava de alguma forma ligada ao turismo. A Parte II do inquérito tinha 19 perguntas, que visavam conhecer as opiniões dos residentes de Ladakh sobre os impactos do turismo. Apesar de o tema da dissertação se centrar nos efeitos ecológicos/ambientais das viagens e do lazer na frágil ecologia do Ladakh, o questionário incluía também algumas perguntas sobre os impactos socioculturais do turismo. Isto deve-se ao facto de os impactos ambientais do turismo não existirem isoladamente. O turismo influencia a qualidade de vida global da comunidade de acolhimento, o que pode incluir alterações socioculturais, económicas, ambientais e de equipamentos e infra-estruturas básicas, para melhor ou para pior.

O questionário foi dividido em duas partes. A Parte I abrangia pormenores demográficos dos residentes. A Parte II incluía perguntas relacionadas com o impacto do turismo, com especial destaque para os efeitos ecológicos, como a desflorestação, a poluição, o congestionamento do tráfego, a perda de flora e fauna, etc. Algumas perguntas também tentavam determinar se os residentes estão dispostos a renunciar aos benefícios do desenvolvimento do turismo para proteger o ambiente. Foi utilizada a escala de Likert de 5 pontos para avaliar as respostas às afirmações sobre os impactos ecológicos do turismo. Foi pedido aos sujeitos que classificassem os impactos em questão com base na sua opinião e perceção relativamente a esse impacto, sendo que 1 corresponde a discordo totalmente e 5 a concordo totalmente.

O questionário desenvolvido é apresentado no apêndice A.

3.8 Preocupações com a investigação

Há uma série de preocupações e considerações em matéria de investigação, como a fiabilidade, a validade, as preocupações éticas e a generalização da conceção da investigação, devido à utilização de diferentes métodos, instrumentos e técnicas para realizar a investigação.

3.81. Fiabilidade

A fiabilidade é um critério importante para a avaliação dos estudos, pois indica o grau de exatidão da medição de um instrumento. Pode ser definida como um processo de medição que tem resultados uniformes ou a constância da medição (Walliman, 2010). Simplificando, a fiabilidade ocorre quando uma experiência/investigação conduzida repetidamente sob as mesmas condições e com as mesmas variáveis, apresenta os mesmos resultados ou quase os mesmos resultados dos dados que as experiências anteriores. É provável que toda a investigação possa ter um certo grau de erro e a quantidade de erro determinará a quantidade de fiabilidade. Por exemplo, se uma experiência de investigação for realizada 50 vezes e o resultado for completamente diferente de cada vez, isso indicaria que existe um problema com a investigação, que não tem provas suficientes para sugerir que a hipótese está correcta. Assim, a fiabilidade da investigação é baixa.

Para esta investigação quantitativa, o investigador desenvolveu um questionário estruturado com um conjunto de perguntas padrão, utilizando uma ferramenta de pontuação conhecida. O questionário era padrão para todos os inquiridos e utilizava uma escala Likert padrão de 5 pontos para garantir a fiabilidade da pontuação. A fim de aumentar a fiabilidade da observação, a investigação obrigou o investigador a selecionar apenas os inquiridos e a explicar o estudo de investigação aos participantes. Este passo ajuda a reduzir qualquer irregularidade no que respeita à participação de vários investigadores.

3.8.2 Validade

Singh, (2010) descreve a validade como a medida em que uma experiência/estudo de investigação mede o que pretende medir. Por outras palavras, para que a experiência/estudo seja válido, o procedimento de medição deve medir efetivamente o que afirma medir. Por conseguinte, a validade é obviamente muito importante, porque se a investigação apresentar um conjunto de resultados que o investigador pensa ser sobre uma coisa, mas que na realidade são sobre outra, então todo o relatório será completamente inútil. Esta investigação utiliza instrumentos de recolha de dados válidos e normalizados e um método de amostragem para garantir uma elevada validade e exatidão. O estudo utiliza uma escala de pontuação normalizada com indicações aparentes da acuidade que cada pontuação representa. Para melhorar a representatividade da amostra, as respostas foram recolhidas durante um período de três dias em diferentes intervalos de tempo.

3.8.3 Considerações éticas

As considerações éticas na investigação são uma das partes mais importantes e críticas da investigação, uma vez que ajudam a distinguir entre comportamentos aceitáveis e inaceitáveis durante o processo de investigação. É a adesão aos princípios éticos que garante a integridade, a fiabilidade e a validade dos resultados da investigação (Sterba, 2011). Foi assegurado que o consentimento total dos inquiridos foi obtido antes do estudo e que a privacidade dos inquiridos foi mantida a todo o custo. Nenhum inquirido foi forçado ou coagido a participar no inquérito. Os inquiridos foram informados sobre o estudo de investigação e o que este implicaria, incluindo pormenores claros sobre o tempo envolvido e os tipos de perguntas a que era necessário responder. Para manter a privacidade, foi decidido não incluir quaisquer perguntas relacionadas com o nome, a morada, o número de telefone, o endereço de correio eletrónico, etc. Além disso, foi mantido um nível adequado de confidencialidade dos dados da investigação. De acordo com Simons & Usher (2012), os métodos de inquérito correm o risco de ser enviesados ou manipulados, o que torna a investigação inválida. Assim, o estudo assegurou que o investigador não influenciou nenhum residente para manipular as suas respostas ou sentimentos. O estudo tenta ao máximo ser honesto e transparente sobre qualquer tipo de comunicação relacionada com a investigação e evitar qualquer deturpação dos resultados dos dados primários.

3.9 Métodos de análise de dados

Uma vez recolhidos os dados, é necessário analisá-los criticamente para explicar os vários conceitos, enquadramentos, teorias e métodos utilizados na investigação, a fim de se chegar eventualmente a conclusões (Bellamy & Perri, 2011). Por outras palavras, é um processo utilizado para escrutinar, limpar, alterar e remodelar os dados para colocar o projeto de investigação em perspetiva, ajudar a responder às questões de investigação e apreciar o significado estatístico dos resultados.

Neste estudo de investigação, as respostas foram analisadas utilizando ferramentas simples de cálculo da média e de classificação. No entanto, as perguntas da escala de Likert foram examinadas utilizando ferramentas estatísticas como a média, a mediana, a moda e o desvio padrão.

3.10 Conclusão

O capítulo 3 explicou e justificou as técnicas e os métodos adoptados para realizar a investigação. A abordagem de investigação, a conceção e a estratégia de investigação adequadas foram seguidas para garantir a elevada fiabilidade e validade do estudo. O questionário foi elaborado tendo em conta os efeitos ecológicos do turismo, que são específicos de Ladakh. O questionário incluía também questões demográficas, que ajudaram a efetuar um estudo aprofundado. O investigador optou pela técnica de amostragem por conveniência, por ser o instrumento mais adequado, tendo em conta a população em estudo, o tempo disponível e outras limitações em termos de recursos. Foi assegurado que a recolha de dados tivesse em conta as considerações éticas e evitasse quaisquer enviesamentos/manipulações. Os resultados da investigação efectuada são apresentados no Capítulo 4.

Capítulo 4
Conclusões

4.1 Introdução

Este capítulo apresenta as respostas recolhidas dos inquiridos no inquérito realizado junto dos residentes de Ladakh para conhecer os seus pontos de vista sobre os efeitos ecológicos do turismo. As perguntas de seleção foram formuladas tendo em conta as perguntas do inquérito. A faixa etária (18 anos ou mais) asseguraria um nível de compreensão e maturidade sobre os tópicos abrangidos pelo inquérito, como o desenvolvimento do turismo, os impactos do turismo e as questões ambientais relacionadas. A pergunta que exige que o inquirido tenha permanecido em Ladakh nos últimos cinco anos tentou garantir que os inquiridos tivessem alguma ideia sobre uma série de questões relacionadas com Ladakh. A terceira pergunta de seleção tentou restringir ainda mais a amostra do estudo, perguntando expressamente se os inquiridos tinham conhecimento do turismo em curso no Ladakh. No âmbito da quarta pergunta de seleção, não foi apresentado o inquérito aos residentes que se mostraram relutantes em participar.

Além disso, uma vez que muitos residentes não se sentiam à vontade com o uso da língua inglesa, foi assegurada a ajuda de um habitante local para conversar com eles em hindi ou nas línguas locais faladas no local. Para além desta parte, não foram necessárias outras alterações, uma vez que os residentes não apontaram quaisquer problemas na compreensão do inquérito, o que também se verificou no estudo-piloto, tal como mencionado no capítulo 3. O questionário foi apresentado a 98 participantes, dos quais dois inquiridos não preencheram o questionário, pelo que as suas folhas não foram consideradas para análise. As restantes 98 folhas de resposta foram recolhidas e os dados foram preenchidos numa folha de Excel para compilação e análise.

4.2 Observações e resultados

O questionário do inquérito exigia que os inquiridos respondessem a duas secções diferentes. A secção I incluía dados demográficos sobre a faixa etária, o sexo, a profissão e os rendimentos, enquanto a secção II consistia em perguntas sobre os impactos do turismo e procurava conhecer a opinião dos residentes sobre os mesmos, com especial destaque para os impactos ecológicos. Nas secções seguintes, os dados serão apresentados de forma sistemática para facilitar a compreensão e as interpretações relativas.

4.2.1 Dados demográficos

Connelly, (2013) descreve a demografia como um campo de estudo em que os investigadores estudam as estatísticas quantificáveis, como a idade, o sexo, a etnia, o emprego, as habilitações literárias, as deficiências, o estatuto socioeconómico ou outras características específicas de uma determinada população. Os dados demográficos são uma parte importante do estudo de investigação, pois ajudam o investigador a saber se conseguiu atingir o público-alvo e se a amostra é representativa da população em geral, aumentando assim a validade e a generalização dos resultados da investigação. De acordo com Clow & James, (2013) os dados demográficos também ajudam a encontrar uma relação entre categorias ou grupos e comportamentos ou atitudes característicos, melhorando assim as interpretações e conduzindo a conclusões mais significativas e a outras implicações da investigação.

1. Género

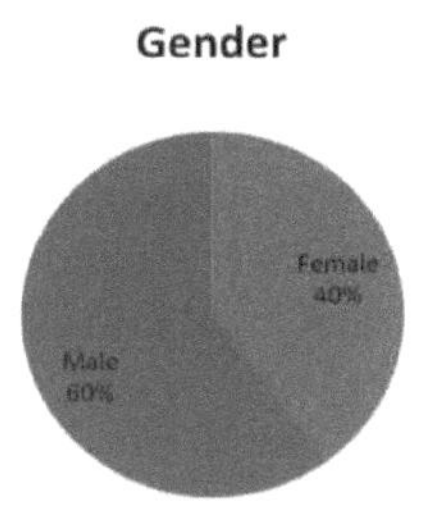

Gráfico 4.1: Género dos inquiridos

O gráfico mostra que a proporção entre os géneros foi distorcida a favor dos inquiridos do sexo masculino. Enquanto 60% dos inquiridos eram do sexo masculino, a percentagem de inquiridas do sexo feminino era muito inferior, com 40%.

2. Grupo etário

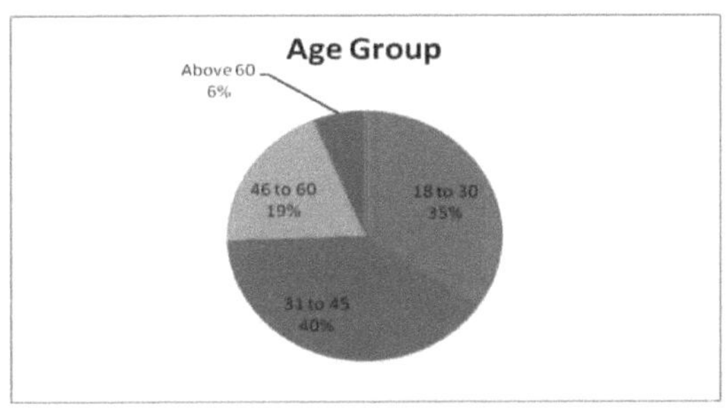

Gráfico 4.2: Idade dos inquiridos

O gráfico ilustra que a maioria dos inquiridos se situa no grupo etário médio dos 31-45 anos (40% dos inquiridos), seguido do grupo etário mais jovem dos 18-30 anos (35% dos inquiridos). 19% dos inquiridos pertenciam ao grupo etário dos 46-60 anos, enquanto apenas 6% dos inquiridos tinham 60 anos ou mais.

3. Ocupação

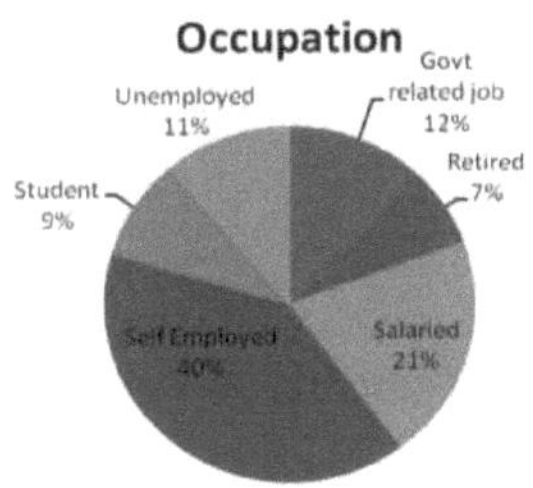

Gráfico 4.3 Profissões dos inquiridos

O gráfico mostra a profissão dos inquiridos que participaram no inquérito. Uma percentagem considerável de 40 por cento dos inquiridos eram trabalhadores por conta própria, seguidos de 21 por cento de inquiridos que eram assalariados. Seguiram-se 12 por cento de pessoas que tinham um emprego relacionado com o governo. Os restantes inquiridos eram os seguintes: 11% estavam desempregados, 9% eram estudantes e 7% estavam reformados.

Durante a pergunta sobre os dados demográficos relacionados com a profissão, o questionário perguntava especificamente aos inquiridos se a sua profissão estava de alguma forma relacionada com o turismo. Eis o gráfico que ilustra as suas respostas:

Quadro 3: Profissão do inquirido relacionada com o turismo

A sua profissão está de alguma forma relacionada com o turismo?	Resposta do requerido	Percentagem (%)
Sim	55	67 por cento
NA	27	22 por cento
Não	16	11 por cento
Total geral	98	100 por cento

Os resultados revelam que 55 dos 98 inquiridos afirmaram que a sua profissão estava, de alguma forma, relacionada com o turismo, enquanto 16 inquiridos afirmaram que não. Para 27 inquiridos, a pergunta não era aplicável, uma vez que estavam desempregados, reformados ou ainda a estudar.

4. Rendimento mensal

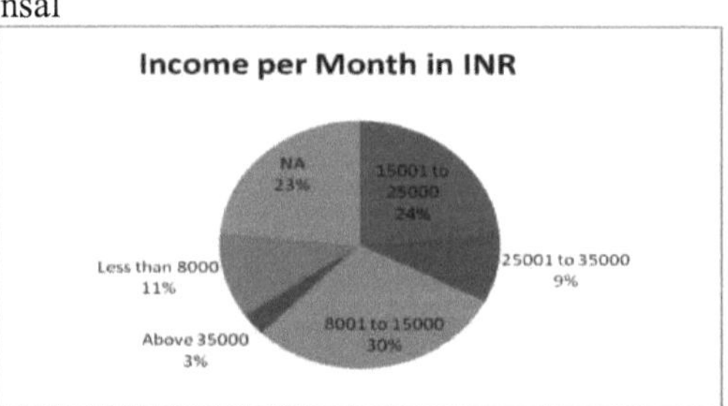

Gráfico 4.4: Rendimento mensal dos inquiridos

O gráfico mostra o rendimento mensal (em rupias nacionais indianas) dos inquiridos. O maior número de inquiridos (30%) pertence ao grupo de rendimentos de 800 a 115 000 rupias, seguido de 24% no grupo de rendimentos de 15001 a 25000 rupias. Enquanto 11% dos inquiridos tinham um rendimento mensal inferior a 8000 rupias, 9% tinham um rendimento mensal entre 25001 e 35000 rupias. Apenas 3% dos inquiridos ganhavam mais de 35 000 rupias ou mais por mês. O critério do rendimento não era aplicável a 23% das pessoas, uma vez que podiam estar desempregadas, reformadas ou ainda a estudar.

4.2.2 Perguntas do inquérito

A fim de recolher dados primários especificamente relacionados com as opiniões dos residentes sobre os efeitos ecológicos das viagens e do lazer em Ladakh, foi apresentada aos inquiridos a secção II do questionário. As perguntas foram colocadas tendo em conta as diferentes facetas do impacto ecológico do turismo, como a poluição da água, o congestionamento do tráfego, os problemas de saúde, a perda de flora e fauna, etc. Segue-se a representação gráfica das conclusões baseadas nas respostas ao questionário de 98 residentes de Ladakh, seleccionados através da técnica de amostragem por conveniência

Pergunta 1: Considera que o turismo em Ladakh aumentou nos últimos 5 anos?

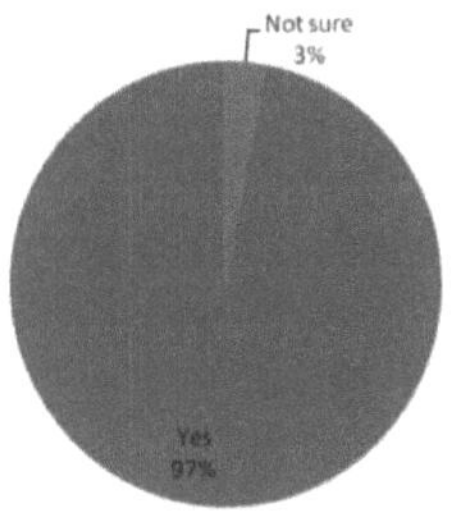

Gráfico 4.5

Uma percentagem esmagadora de 97% dos inquiridos considerou que o turismo na região de Ladakh aumentou nos últimos cinco anos, ao passo que uns minúsculos 3% consideraram o contrário.

Pergunta 2: Considera que o aumento do número de turistas teve um grande impacto na ecologia deste destino, positivo ou negativo?

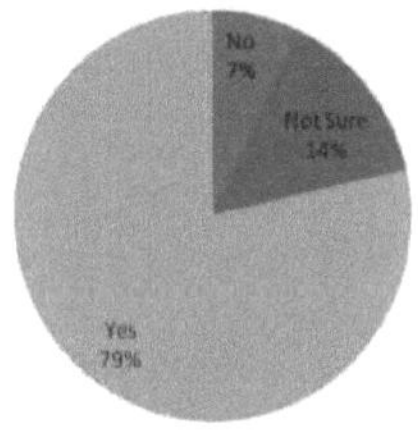

Gráfico 4.6

Em resposta à pergunta, uma maioria de quase 3/4th dos inquiridos (79%) considerou que o aumento do número de turistas teve um impacto (positivo ou negativo) na ecologia da região de Ldakah. Enquanto 7% dos inquiridos não achavam isso, 14% dos inquiridos não tinham a certeza se o aumento do número de turistas tinha algum impacto na ecologia.

Pergunta 3: Penso que, devido ao aumento do turismo, tem havido um elevado nível de desflorestação para construir mais alojamentos e melhores transportes para os turistas.

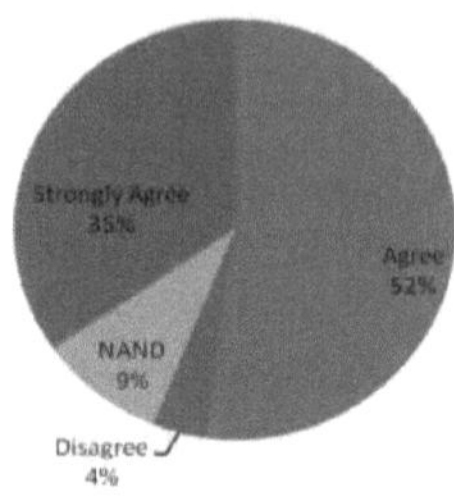

Gráfico 4.7 Esta pergunta utilizou uma escala de Likert de 5 pontos para avaliar as respostas às afirmações, sendo que 1 representa uma forte discordância e 5 uma forte concordância. Mais de metade dos inquiridos (52%) concordaram e 35% dos inquiridos concordaram fortemente que tem havido um elevado nível de desflorestação para construir mais alojamentos e melhores transportes para os turistas. Apenas 4% dos inquiridos discordaram da afirmação e 9% não concordaram nem discordaram.

Pergunta 4: Considera que o aumento das actividades de construção e de veículos aumentou o nível de poluição na zona?

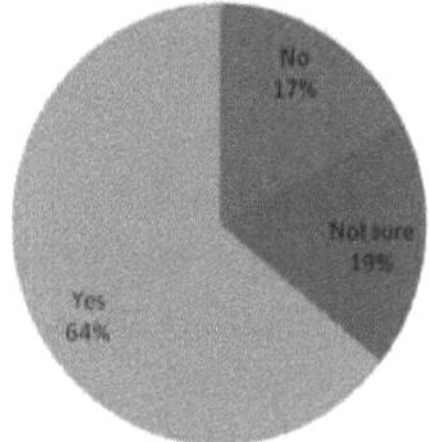

Gráfico 4.8

64% dos inquiridos consideram que o aumento da construção e das actividades dos veículos contribuiu para um aumento do nível de poluição na zona. No entanto, 17% dos inquiridos não concordaram e 19% dos inquiridos não tinham a certeza de que o aumento da construção e das actividades veiculares tivesse levado a um aumento da poluição na zona.

Pergunta 5: As aves e os animais desta zona diminuíram em número ou sofreram devido às alterações provocadas pelo aumento do turismo?

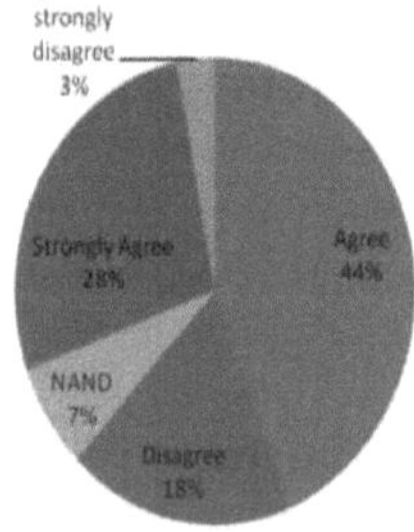

Gráfico 4.9

Esta pergunta também utilizou uma escala de Likert de 5 pontos para avaliar as respostas às afirmações, sendo que 1 corresponde a discordo totalmente e 5 a concordo totalmente. Quase 72% dos inquiridos consideraram que as aves e os animais da zona diminuíram devido às alterações provocadas pelo aumento do turismo, com 28% a concordar fortemente com a afirmação e 44% a concordar com ela. Por outro lado, 3% dos inquiridos discordaram fortemente e 18% dos inquiridos discordaram da afirmação. 7% dos inquiridos não concordaram nem discordaram da afirmação.

Pergunta 6: Considera que o aumento do número de turistas provocou a deterioração da qualidade da água potável para os habitantes locais?

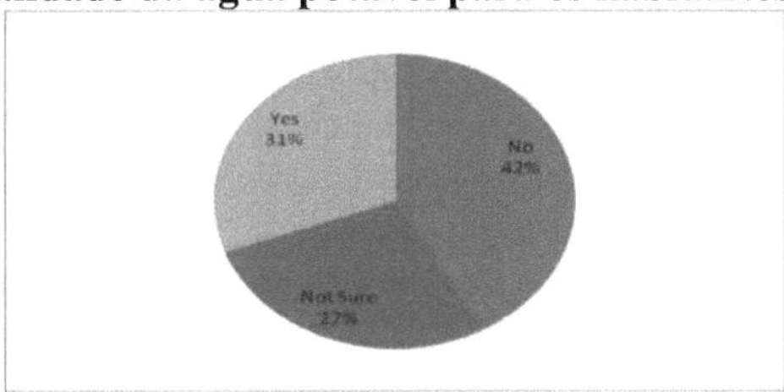

Gráfico 4.10

Enquanto 42% dos inquiridos não consideram que o aumento do número de turistas tenha resultado na deterioração da qualidade da água potável para os habitantes locais, 31% dos inquiridos consideram que sim. 27% dos inquiridos não tinham a certeza de que o aumento do número de turistas tivesse resultado numa pior qualidade da água potável.

Questão 7: O turismo aumentou a deposição de lixo, a acumulação de resíduos sólidos e de esgotos neste destino

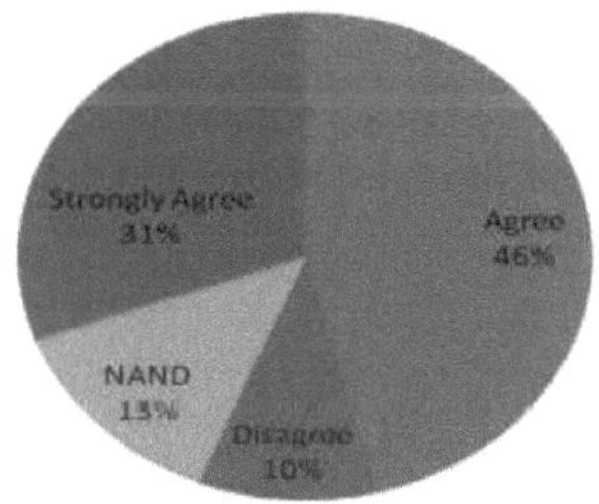

Gráfico 4.11

Esta pergunta foi novamente formulada numa escala de 5 pontos para avaliar as respostas às afirmações, sendo que 1 corresponde a discordo totalmente e 5 a concordo totalmente. Mais de 70 por cento dos inquiridos são da opinião de que o turismo aumentou a deposição de lixo, a acumulação de resíduos sólidos e os esgotos no destino, com 46 por cento a concordar e 31 por cento a concordar fortemente com a afirmação. Enquanto 13% dos inquiridos não concordaram nem discordaram da afirmação, 10% discordaram claramente.

Pergunta 8: Considera que o turismo conduziu a um aumento do congestionamento do tráfego e da poluição sonora, aumentando os riscos para a

saúde dos habitantes locais?

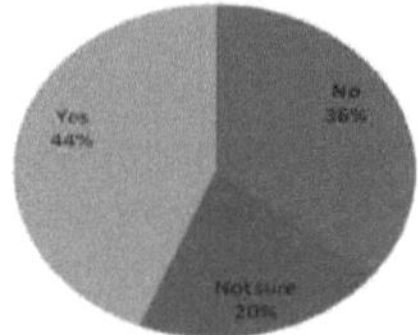

Gráfico 4.12

Esta foi uma questão muito disputada, com 44% dos inquiridos a dizerem "sim" ao aumento do congestionamento do tráfego e da poluição sonora provocado pelo turismo, que resulta num aumento dos riscos para a saúde dos habitantes locais, e 36% a dizerem "não". Uns bons 20% dos inquiridos não tinham a certeza se os riscos para a saúde estavam a aumentar devido ao aumento do congestionamento do tráfego e da poluição sonora provocados pelo turismo.

Pergunta 9: O turismo provocou a escassez de água em Ladakh?

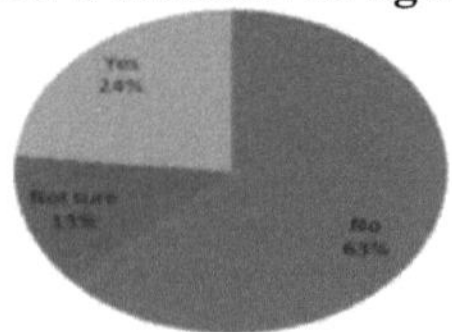

Gráfico 4.13

Mais de metade dos inquiridos (63%) considerava que o turismo não tinha provocado a escassez de água em Ladakh, ao passo que 24% dos inquiridos tinham uma opinião diferente. 13% dos inquiridos não tinham a certeza se o turismo tinha provocado a escassez de água em Ladakh.

Pergunta 10: Considera que o turismo também levou à propagação de várias doenças novas que não existiam anteriormente em Ladakh?

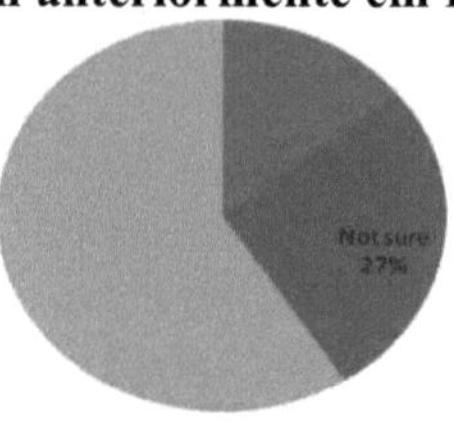

Gráfico 4.14

Mais de metade dos inquiridos (59%) considera que o turismo provocou a propagação de várias doenças novas que não existiam anteriormente em Ladakh, ao passo que 14% não o consideram. 27% dos inquiridos não tinham a certeza se o turismo tinha contribuído para a propagação de várias doenças novas em Ladakh.

Pergunta 11: O aumento do turismo provocou a urbanização deste destino, trazendo oportunidades de melhores tratamentos médicos, educação e oportunidades de trabalho

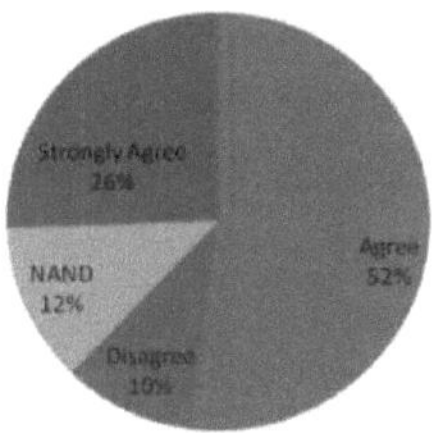

Gráfico 4.15

Esta foi outra pergunta da escala de Likert para avaliar as respostas às afirmações, sendo que 1 é fortemente discordante e 5 fortemente concordante. Uma esmagadora maioria de mais de 70% dos inquiridos era da opinião de que o aumento do turismo provocou a urbanização neste destino, trazendo oportunidades de melhor tratamento médico, educação e trabalho, com 26% dos inquiridos a concordarem fortemente e 52% a concordarem com a afirmação. Enquanto 10% dos inquiridos discordaram, 12% dos inquiridos não concordaram nem discordaram.

Pergunta 12: Considera que o aumento do número de turistas alterou a cultura alimentar das comunidades locais?

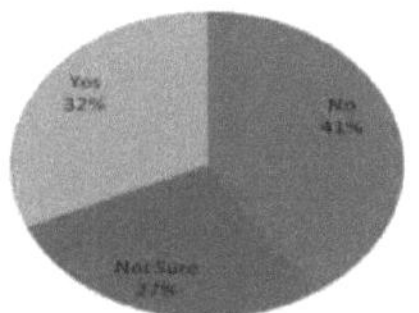

Gráfico 4.16

Relativamente à questão sobre se o aumento do número de turistas alterou a cultura alimentar das comunidades locais, 32% dos inquiridos responderam "Sim", enquanto 41% responderam "Não". 27% dos inquiridos não tinham a certeza se o turismo tinha tido um impacto na cultura alimentar local.

Pergunta 13: Considera que o impacto do pisoteio da vegetação e do solo pelos turistas afecta negativamente a biodiversidade?

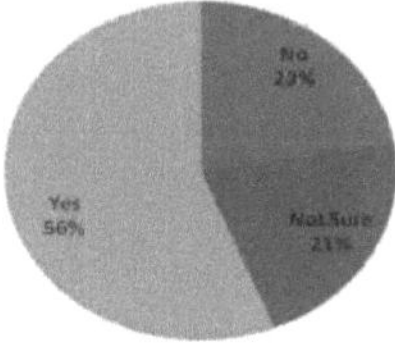

Gráfico 4.17

Mais de metade dos inquiridos (56%) considera que o impacto do pisoteio dos turistas na vegetação e no solo afecta negativamente a biodiversidade, ao passo que 23% dos inquiridos não o consideram. 21% dos inquiridos não tinham a certeza se o pisoteio dos turistas afectava a biodiversidade.

Pergunta 14: Observou alguma alteração significativa no número de animais, insectos e borboletas devido ao aumento do turismo?

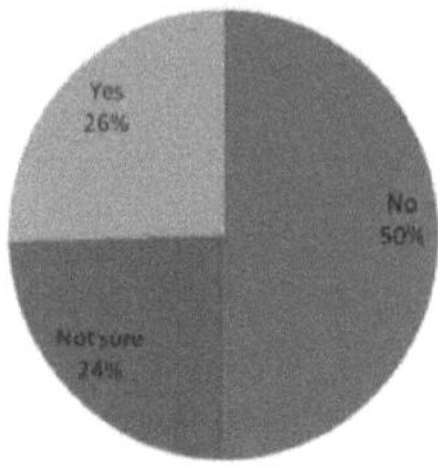

Gráfico 4.18

50% dos inquiridos afirmaram não ter observado uma alteração significativa no número de animais, insectos e borboletas devido ao aumento do turismo, ao passo que 26% dos inquiridos pensaram o contrário. 24% dos inquiridos afirmaram não ter a certeza.

Pergunta 15: Considera que a rápida urbanização e a subsequente alteração da topografia são responsáveis, de alguma forma, pelas inundações repentinas ocorridas em Ladakh no ano 2000?

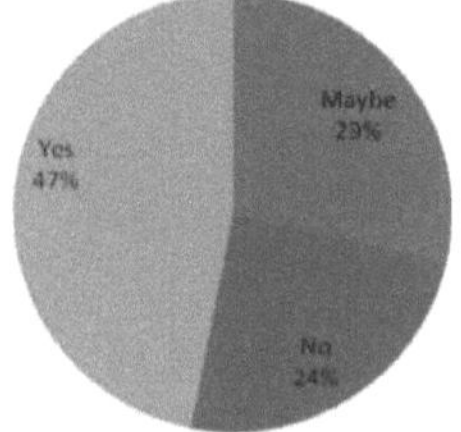

Gráfico 4.19

Um pouco menos de metade dos inquiridos - 47% - consideraram que a rápida urbanização e a consequente alteração da topografia foram responsáveis, de alguma forma, pelas inundações repentinas em Ladakh no ano 2000, sendo que 29% consideraram que poderia ser esse o caso. No entanto, 24% dos inquiridos refutaram o papel da urbanização nas inundações repentinas do ano 2000.

Pergunta 16: Considera que as oportunidades de emprego criadas pelo turismo levaram as pessoas a abandonar os meios de subsistência tradicionais, como a agricultura e a criação de ovinos?

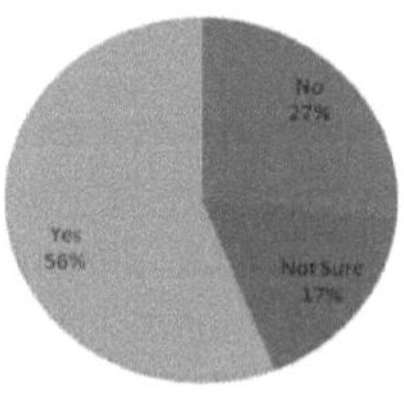

Gráfico 4.20

Mais de metade dos inquiridos, 56%, consideraram que as oportunidades de emprego criadas pelo turismo levaram as pessoas a abandonar os meios de subsistência tradicionais, como a agricultura e a criação de ovinos, enquanto 27% dos inquiridos não consideraram que assim fosse. 17% dos inquiridos não tinham a certeza se as novas oportunidades de emprego tinham levado as pessoas a abandonar os meios de subsistência tradicionais.

Pergunta 17: O turismo aumentou a destruição dos habitats da vida selvagem e a deterioração dos elementos cénicos deste destino

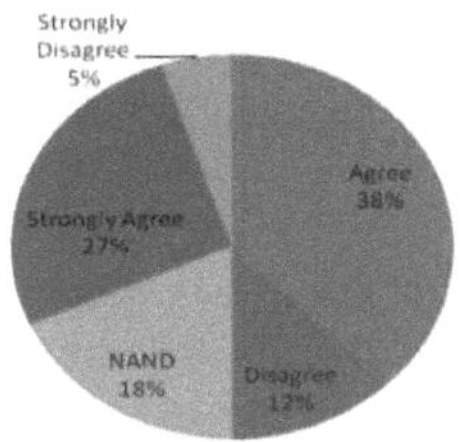

Gráfico 4.21

Esta era outra pergunta da escala de Likert para avaliar as respostas às afirmações, sendo que 1 era para discordar fortemente e 5 para concordar fortemente. 38% dos inquiridos concordaram e 27% dos inquiridos concordaram fortemente que o turismo aumentou a destruição dos habitats da vida selvagem e a deterioração dos elementos paisagísticos do destino. 5% dos inquiridos discordaram fortemente, 12% dos inquiridos discordaram e 18% dos inquiridos não concordaram nem discordaram da afirmação.

Pergunta 18: Apoiaria uma medida do governo para restringir o número de turistas em Ladakh, de modo a evitar danos ecológicos?

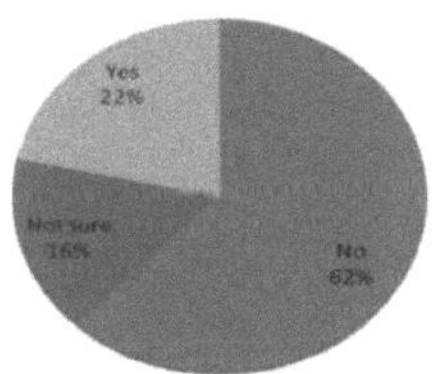

Gráfico 4.22

62% dos inquiridos recusaram-se a apoiar uma medida do governo para restringir o número de turistas em Ladakh, de modo a evitar danos ecológicos, enquanto 22% apoiaram essa medida. 16% dos inquiridos não tinham a certeza se apoiariam ou não essa medida.

Pergunta 19: Considera que os benefícios globais do turismo compensam os seus efeitos negativos no ambiente?

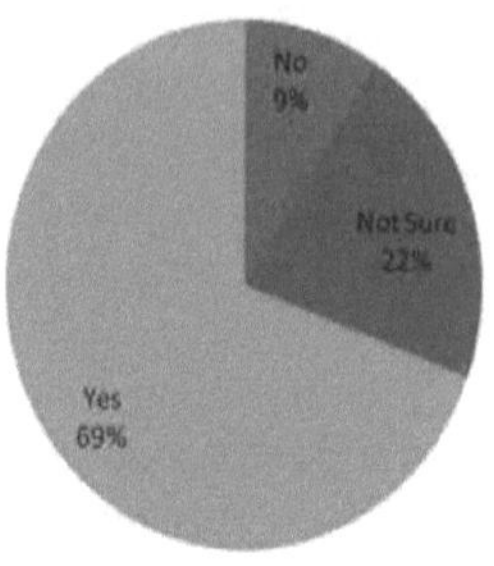

Gráfico 4.23

Um número elevado de 69% dos inquiridos considera que os benefícios globais do turismo superam os efeitos nocivos do turismo para o ambiente, ao passo que apenas 9% dos inquiridos pensam o contrário. 22% dos inquiridos não tinham a certeza de que os benefícios do turismo superassem os seus efeitos nocivos para o ambiente.

Capítulo 5
Interpretação e debate
5.1 Introdução
C capítulo 5 centra-se na interpretação significativa dos resultados apresentados no capítulo anterior e na tentativa de os relacionar com a revisão da literatura abordada no capítulo 2 da dissertação. Isto ajudará a costurar os vários fios da investigação para atingir os objectivos pretendidos da investigação e uma narrativa coesa. Ligará os resultados dos dados primários com as teorias, modelos e estudos da investigação secundária e concluirá se a revisão da literatura é apoiada ou negada pelos resultados do estudo. Se as constatações/resultados não se enquadrarem nos conhecimentos anteriores, haverá uma tentativa de especular de forma produtiva a razão disso, lançando-nos em questões "mais amplas". A fim de alinhar sistematicamente as interpretações e os resultados, o capítulo está dividido em secções, de acordo com o questionário e o capítulo 4.

5.2 Interpretação e discussão dos resultados demográficos
O capítulo 3 da dissertação sublinhou a importância de escolher técnicas de amostragem adequadas para garantir que é selecionada a amostra mais representativa da população em estudo. Os resultados obtidos para as questões demográficas mostram uma mistura saudável de inquiridos no que diz respeito ao género, idade, profissão e rendimento. Assim, pode dizer-se que a amostra do estudo reflecte de perto a população estudada, ou seja, os residentes de Ladakh.

Os resultados revelaram um rácio de 60:40 entre homens e mulheres no inquérito. Este rácio é realmente adequado, uma vez que se aproxima do rácio entre os sexos em Ladakh. De acordo com o censo de 2011, o distrito de Leh tinha uma população de 133 487 habitantes, dos quais 78 971 homens e 54 516 mulheres, respetivamente (Census Population 2015 Data, 2015). Uma vez que os dados não estão distorcidos a favor de um género, espera-se que o questionário não apresente diferenças de atitudes e opiniões relacionadas com o género que se reflictam nos resultados finais.

Os detalhes do grupo etário representam o máximo de inquiridos nos grupos etários 18-30 e 31-45. A baixa percentagem de inquiridos com mais de 60 anos pode ser atribuída à sua falta de vontade de participar no inquérito. Além disso, muitas pessoas na faixa etária acima dos 60 anos em Ladakh sofrem de problemas relacionados com a idade, como perda de audição e visão ou senilidade. No entanto, este facto pode ser um pouco desvantajoso, uma vez que as pessoas idosas teriam uma melhor imagem dos impactos do turismo, pois devem ter assistido a mudanças em Ladakh ao longo dos anos.

Os dados sobre a profissão indicam que existia um vasto leque de inquiridos que incluía trabalhadores independentes, funcionários públicos, assalariados, bem como estudantes, desempregados e reformados. Mais importante ainda, este dado demográfico também incluía uma sub-secção, que perguntava se a profissão dos inquiridos estava de alguma forma relacionada com o turismo. Como mostram os resultados do quadro 1 na secção 4.2.1 do capítulo 4 desta dissertação, 67% dos inquiridos afirmaram que a sua profissão estava de alguma forma relacionada com o turismo. Este facto corrobora os pontos de vista de Mitchell & Ashley, (2010), conforme citado na revisão da literatura. Segundo estes autores, existem três vias através das quais o turismo tem um impacto económico na população local: 1) Efeitos directos - empregados diretamente no sector do turismo; 2) Efeitos secundários - rendimentos indirectos e efeitos induzidos; e 3) Efeitos dinâmicos - alterações a longo prazo na economia em geral. O próprio facto de 67% das profissões dos inquiridos estarem relacionadas com o turismo ilustra que o turismo está a ter um impacto económico na população local de uma forma cumulativa.

Os dados relativos aos rendimentos mostram que a amostra do estudo incluía pessoas de diferentes origens económicas, o que permite obter diferentes pontos de vista. Enquanto 12% do total dos inquiridos tinham um rendimento mensal superior a 25 000 rupias, 54% dos inquiridos tinham um rendimento mensal entre 8 000 e 25 000 rupias. Além disso, quase 11% dos inquiridos tinham um rendimento mensal baixo, inferior a 8000 rupias. A título de referência, de acordo com um relatório publicado num jornal financeiro indiano, o rendimento per capita da Índia era de 93 293 euros em 2015-16 (Press Trust of India (PTI), 2016).

Assim, os resultados indicam a adequação das técnicas de amostragem, uma vez que a amostra recolhida se assemelhava à população em estudo. Além disso, os resultados demográficos podem ser de grande ajuda para dissecar minuciosamente a atitude dos residentes em relação ao turismo em Ladakh. Podem ajudar a compreender de que forma características pessoais como a idade, o rendimento, a profissão e o sexo podem afetar a aceitabilidade ou a rejeição dos impactos do turismo na região de Ladakh.

5.3 Interpretação e discussão das questões relacionadas com o impacto do turismo

O questionário incluía várias perguntas baseadas principalmente nos impactos ecológicos do turismo em Ladakh. Algumas perguntas também tentavam determinar de que forma o turismo afectou a qualidade de vida em geral e se as pessoas concordam com medidas concretas para controlar o turismo. Embora a revisão da literatura discutisse várias facetas do impacto do turismo, o objetivo do questionário era conhecer a opinião dos residentes sobre os efeitos ecológicos das viagens e do lazer. O questionário incluía um total de 19 perguntas que incorporavam dimensões como a poluição da água, o congestionamento do tráfego, a desflorestação, a perda de fauna e flora, etc.

Aumento do turismo em Ladakh

Uma esmagadora maioria de 95 dos 98 inquiridos considera que o turismo aumentou em Ladakh nos últimos cinco anos. As opiniões dos inquiridos são validadas pelas estatísticas apresentadas por Loondup (2014), segundo as quais o número de turistas aumentou de 524 em 1974 para uns espantosos 1 37 702 visitantes em 2013. A uma pergunta relacionada, mais de 79% dos inquiridos responderam afirmativamente que o aumento do número de turistas teve um grande impacto na ecologia de Ladakh - positivo ou negativo. Estas duas perguntas introdutórias deram o mote para as perguntas seguintes, uma vez que direccionaram a atenção das pessoas para duas questões centrais desta investigação - o aumento do número de turistas/aumento do turismo e os consequentes impactos ou efeitos ecológicos. A pergunta também não pretendia influenciar os pontos de vista dos inquiridos, pelo que os incitava a pensar se consideravam os efeitos ecológicos positivos ou negativos. A inspiração por detrás desta pergunta veio das opiniões expressas por Mason, (2015), que também foram mencionadas na revisão da literatura. Mason (2015) afirma que o facto de o impacto turístico ser percebido como positivo ou negativo também depende da posição de valor e da opinião do indivíduo que faz a observação. Outra discussão pungente na revisão da literatura por Briassoulis & Straaten, (2012) afirma que a interação do turismo com a ecologia é complexa, pois envolve actividades que têm efeitos ambientais adversos, mas também tem o potencial de produzir impactos vantajosos no ambiente, contribuindo para a proteção e conservação ambiental.

Impactos ecológicos do turismo

Discutindo os efeitos ecológicos debilitantes das viagens e do lazer, 87% dos inquiridos consideraram que a necessidade de construir mais alojamentos e melhores transportes para os turistas é responsável pelo elevado nível de desflorestação em Ladakh; 72% dos inquiridos concordaram que as aves e os animais diminuíram em número ou sofreram devido às alterações provocadas pelo aumento do turismo; e 65% dos inquiridos concordaram que o turismo aumentou a destruição dos habitats da vida selvagem e a deterioração dos elementos paisagísticos. Os resultados estão em conformidade com um estudo de Jina (2007), que analisou a forma como o boom do turismo em Ladakh resultou na conversão indiscriminada de terras cultivadas em hotéis e pensões, o que provocou a perda de terras para animais de pasto, bem como a perda de habitat para espécies dos Himalaias, como o leopardo-das-neves, a marmota e o grou-de-pescoço-preto, etc. Do mesmo modo, 56% dos inquiridos consideram que o impacto do pisoteio dos turistas na vegetação e no solo afecta negativamente a biodiversidade. As conclusões são corroboradas por um estudo mencionado na revisão da literatura. O estudo realizado por Geneletti & Dawa, (2009) tentou avaliar e compreender os padrões de degradação ambiental induzida pelo turismo (particularmente devido a actividades relacionadas com o trekking) em Ladakh, nos Himalaias indianos.

Os resultados indicam que as bacias hidrográficas mais afectadas se situam nos trilhos mais frequentados e nos parques nacionais de Hemis e Tsokar Tsomoriri, na parte central e sudeste de Ladakh.

No entanto, uma pergunta relacionada sobre se os inquiridos observaram alguma alteração significativa no número de animais, insectos e borboletas devido ao aumento do turismo obteve uma resposta menos enviesada, com 50% dos inquiridos a responder negativamente. Talvez o tom crítico da palavra "significativa" tenha feito as pessoas repensarem a pergunta, porque na pergunta anterior a maioria dos inquiridos concordava que o turismo tinha conduzido a uma diminuição do número de aves e animais. Uma vez que o turismo em Ladakh ainda está em fase de crescimento, as alterações ecológicas podem não ser ainda tão pronunciadas ou "significativas". Esta conclusão interessante pode ser associada a um estudo de Murphy, (2013) que afirma que, durante as fases iniciais do desenvolvimento do turismo, os residentes podem ser apenas espectadores passivos, mas envolvem-se quando o turismo começa a prosperar antes de desenvolverem resistência aos impactos negativos provocados pelo turismo.

Outra das principais preocupações deste estudo de investigação prendia-se com as alterações nos recursos hídricos de Ladakh atribuíveis ao turismo e havia várias perguntas que abrangiam diferentes facetas desta questão. 32% dos inquiridos consideram que o aumento do número de turistas conduziu à deterioração da qualidade da água potável para os habitantes locais, mas, por outro lado, 42% não pensam assim. Do mesmo modo, mais de metade dos inquiridos (63%) considerava que o turismo não tinha provocado a escassez de água em Ladakh, ao passo que 24% dos inquiridos pensavam o contrário. Embora muitos inquiridos não tenham sentido as mudanças nos recursos hídricos, o facto é que alguns ainda sentiram. Na revisão da literatura, havia uma série de recursos que chamavam a atenção para os danos causados aos recursos hídricos em Ladakh devido ao turismo. Um estudo realizado por Gondhalekar, et al., (2013) sugere que o aumento do consumo de água (em grande parte atribuível à rápida expansão da indústria do turismo), juntamente com a falta de infra-estruturas suficientes de água e saneamento, está a conduzir a uma grave poluição da água na região semi-árida ecologicamente vulnerável de Leh Town, Ladakh. Um estudo relacionado conduzido por Dolma, et al., (2015) afirma que a urbanização crescente está a levar a um surto de instalações de poços e o aumento de uma enorme população flutuante durante a época alta do turismo coloca uma pressão extra sobre os recursos hídricos limitados da área. Além disso, a eliminação de águas cinzentas/pretas em fossas ou fossas sépticas sem qualquer tratamento resultou ainda mais na poluição dos recursos hídricos subterrâneos.

O inquérito incluía uma série de perguntas sobre a forma como o aumento do turismo pode ser responsável pelo aumento da poluição, do congestionamento do tráfego, do lixo, etc. Dos 98 inquiridos, 63 consideraram que o aumento das actividades de construção e de veículos aumentou o nível de poluição na zona. Do mesmo modo, 64% dos inquiridos consideram que o aumento das actividades de construção e dos veículos aumentou o nível de poluição na zona. Foram efectuados vários estudos para este efeito, que foram abordados na revisão da literatura. Menon, (2011) discute a forma como Ladakh está a lidar com problemas de resíduos, tendo muitos hotéis sistemas de esgotos à base de água que estão a contaminar os cursos de água locais. Do mesmo modo, Datta (2014) lamenta o facto de a procura de energia por parte dos turistas para satisfazer as necessidades de refrigeração, aquecimento, iluminação e transporte ter resultado no transporte de combustíveis fósseis através dos Himalaias, acrescentando fumos de gasóleo, fumo de carvão e óleo usado à lista de problemas ambientais de Ladakh.

Foi feita uma pergunta sobre as cheias repentinas que assolaram Ladakh no ano 2000, pois tratou-se de um acontecimento aparente e alarmante (em comparação com a diminuição dos glaciares, por exemplo) que chamou a atenção das pessoas para as razões pelas quais uma sobremesa árida, semi-seca e fria sofreu cheias repentinas. 47% dos inquiridos consideraram a rápida urbanização e a subsequente alteração da topografia responsáveis, de alguma forma, pelas cheias repentinas de 2000. As conclusões encontram apoio num livro sobre Ladakh de Lovell-Hoare & Lovell-Hoare, (2014), onde os autores, ao discutirem as preocupações ecológicas, centram a sua atenção nas chuvas de nuvens e nas inundações repentinas do ano 2000. Um estudo de Singh, (2013) também chama a atenção para a frágil ecologia dos Himalaias indianos, centrando-se nas inundações repentinas de Uttarakhand de 2013, com epicentro em Kedarnath (um centro de peregrinação hindu sagrado que é visitado por devotos). No seu estudo, Singh discute a forma como o aumento do número de pessoas que vivem na zona de perigo em Kedarnath, a instalação/construção indiscriminada na zona de perigo, a invasão do leito do rio, a desflorestação e a utilização de explosivos para enfraquecer a resistência das rochas e a inclinação podem ter exacerbado a tragédia.

Impacto do turismo na qualidade de vida dos residentes

Embora o tema da investigação fosse o estudo das percepções dos residentes sobre o impacto ecológico do turismo em Ladakh, o questionário incluía perguntas em forma de cúpula que tentavam apurar as opiniões dos residentes sobre a forma como o turismo afectou a qualidade de vida, incluindo os impactos económicos e socioculturais. De acordo com Mason (2012), o turismo pode ter grandes impactos multifacetados, que podem ser uma combinação de dimensões económicas, sociais e ambientais inter-relacionadas. Por exemplo, as questões relativas à deterioração da qualidade da água potável para os habitantes locais e ao aumento da deposição de lixo, lixo, acumulação de resíduos sólidos e esgotos, discutidas na secção anterior, englobavam elementos ecológicos e de qualidade de vida. Do mesmo modo, havia duas perguntas relacionadas com a forma como o turismo pode ter conduzido a um aumento dos riscos para a saúde. 44% dos inquiridos eram da opinião de que o turismo levou a um aumento do congestionamento do tráfego e da poluição sonora, o que, por sua vez, aumentou os riscos para a saúde dos habitantes locais. Os sinais foram ainda mais claros noutra pergunta, em que 59% dos inquiridos afirmaram considerar que o turismo também levou à propagação de várias doenças novas que não existiam anteriormente em Ladakh. Os pontos de vista dos residentes encontram ressonância num estudo realizado por Gondhalekar, et al., (2013) que encontrou um lugar na revisão da literatura. O estudo analisou dados médicos secundários e concluiu que se registou um aumento da incidência de diarreia na população local de Leh nos últimos 10 anos.

Havia duas perguntas que procuravam avaliar o efeito do turismo nas tradições socioculturais de Ladakh. Apenas um terço dos inquiridos pensava que o aumento do número de turistas tinha alterado a cultura alimentar das comunidades locais, mas mais de metade dos inquiridos pensava que as oportunidades de emprego criadas pelo turismo tinham levado as pessoas a abandonar os meios de subsistência tradicionais, como a agricultura e a criação de ovelhas. A segunda conclusão é corroborada por um estudo de Pelliciardi, (2013), discutido na revisão da literatura. O estudo refere que o Ladakh, que teve uma existência autossuficiente baseada principalmente na agricultura de subsistência, na pastorícia e no comércio de caravanas durante séculos, já não é autossuficiente na produção de cereais alimentares. Com base nas informações apresentadas nos capítulos anteriores desta dissertação, é possível encontrar várias razões possíveis para esta mudança, incluindo a falta de terras cultiváveis, o aumento de outras oportunidades de emprego, a rápida urbanização e as alterações no meio sociocultural. Embora o impacto cultural ainda não seja muito pronunciado, podem retirar-se lições de um estudo realizado por Spoon (2011/2012) sobre os Sherpas de Khumbu, baseados no Parque Nacional e na Zona Tampão de Sagarmatha (Monte Evereste), no Nepal. O estudo concluiu que o turismo e outros caprichos da modernização influenciaram o conhecimento e a compreensão ecológicos das gerações mais jovens e dos indivíduos integrados no mercado.

No entanto, tal como referido nos capítulos 1 e 2, nem todos os efeitos do turismo são negativos. Dos 98 inquiridos, 76 concordaram que o aumento do turismo provocou a urbanização deste destino, trazendo oportunidades de melhor tratamento médico, educação e oportunidades de trabalho. Numerosos estudos constantes da revisão da literatura salientaram os benefícios económicos do turismo para os destinos de acolhimento. Houve mesmo alguns exemplos notáveis de destinos turísticos que conseguiram tirar partido do turismo para salvar algumas tradições socioculturais em vias de extinção e melhorar o tecido social, bem como tomar medidas concretas para salvaguardar o ambiente.

Atitude e percepções dos residentes em relação ao desenvolvimento e aos impactos do turismo

Os residentes são uma das partes interessadas mais importantes num destino turístico, uma vez que o turismo só pode prosperar numa área com o apoio dos residentes da área. Havia duas perguntas que solicitavam aos inquiridos que introspeccionassem e avaliassem as suas ideias sobre os impactos do turismo e que perguntavam ainda se estariam dispostos a ser parceiros numa medida tomada pelo governo para reduzir os impactos prejudiciais.

61 dos 98 inquiridos, ou seja, uma elevada percentagem de 62 inquiridos, afirmaram que **não** apoiariam uma medida do governo para restringir o número de turistas em Ladakh, de modo a evitar danos ecológicos. Uma percentagem ainda mais elevada, 69% dos inquiridos, considera que os benefícios globais do turismo superam os seus efeitos nocivos para o ambiente. À primeira vista, os resultados podem parecer um pouco enganadores, na medida em que os inquiridos que concordavam com os efeitos ecológicos negativos do turismo acabaram por se recusar a apoiar uma medida governamental para reduzir o número de turistas e estavam mesmo dispostos a ignorar os efeitos ambientais negativos do turismo. No entanto, as respostas ou conclusões podem ser justificadas através de uma série de investigações e estudos abordados na revisão da literatura. Um estudo realizado por Andersson & Lundberg (2013), que mediu os impactos de um evento turístico a partir de perspectivas de sustentabilidade, demonstrou que, medidos em termos monetários, os impactos socioculturais têm o mesmo peso que os impactos económicos, ao passo que o baixo valor de mercado dos direitos de emissão torna as preocupações ambientais insignificantes. Outra explicação para os resultados pode ser encontrada no Modelo de Ciclo de Vida do Turismo de R.W. Butler, que foi discutido em pormenor na revisão da literatura. Um estudo de Murphy, (2013) também opina que as atitudes e a perceção da comunidade anfitriã sobre o desenvolvimento do turismo estão significativamente associadas às fases de desenvolvimento do turismo. Nas fases iniciais do desenvolvimento do turismo, os residentes podem ser apenas espectadores passivos, mas envolvem-se quando o turismo começa a prosperar antes de desenvolverem resistência aos impactos negativos provocados pelo turismo.

Os resultados podem também ser explicados pela presença preponderante de inquiridos cujas profissões estão de alguma forma ligadas ao turismo na amostra do estudo. Uma vez que a sua subsistência depende do turismo, é pouco provável que apoiem uma medida destinada a reduzir instantaneamente o turismo. É provável que também considerem que os benefícios globais se sobrepõem aos efeitos ambientais negativos do turismo. Atualmente, este grupo demográfico opta por não pensar nas repercussões a longo prazo da degradação ambiental. Por conseguinte, é necessário um esforço concertado dos organismos governamentais e das organizações não governamentais para os fazer compreender como as práticas sustentáveis ajudarão a prolongar o ciclo de vida da zona turística de Ladakh.

5.4 Conclusão

O Capítulo 5 discute em pormenor a interpretação dos resultados do inquérito apresentados no Capítulo 4 e tenta encontrar uma ligação entre os factos, ideias, teorias e modelos apresentados na revisão da literatura e os resultados. O Capítulo 6 apresenta as conclusões e recomendações com base nos resultados e interpretações relativamente aos objectivos desta investigação.

Conclusões e recomendações

Introdução

Este capítulo culmina o estudo de investigação, tentando ligar racionalmente todos os capítulos e justificar os aspectos do estudo. Tentará encontrar uma ligação entre os resultados e a interpretação e, no final, concluirá se os objectivos da investigação foram atingidos e a inferência alcançada para cada objetivo da investigação. As conclusões tiradas com base na revisão da literatura e na metodologia ajudarão o investigador a propor acções correctivas e melhorias em áreas-chave encontradas pela investigação. Por último, este capítulo também abordará as limitações do estudo e as implicações da investigação para estudos futuros.

O objetivo desta investigação é avaliar as opiniões dos residentes sobre os efeitos ecológicos das viagens e do lazer em Leh e Ladakh. Para cumprir os objectivos acima referidos, foram definidos quatro objectivos específicos:

1) Estudar os factores que têm impacto no turismo e no lazer dos destinos e explorar os efeitos dos impactos ambientais sobre eles.

2) Examinar os impactos ecológicos e os seus efeitos nos diferentes destinos turísticos indianos e no seu desenvolvimento turístico.

3) Estudar a perceção dos residentes de Leh e Ladakh sobre os impactos ecológicos do turismo e do lazer.

4) Fazer recomendações sobre o planeamento do turismo e a elaboração de políticas para o turismo ecologicamente sustentável em Leh e Ladakh.

Conclusões

A secção de revisão da literatura deste estudo de investigação lançou as bases sobre a importância de estudar os vários impactos do turismo na sua totalidade, com especial incidência na perceção dos residentes sobre os efeitos ecológicos do desenvolvimento do turismo em Leh e Ladakh.

Objetivo 1 - Estudar os factores que influenciam o turismo e o lazer dos destinos e explorar os efeitos dos impactos ambientais sobre eles

Existem factores ambientais humanos e naturais que podem ter um impacto no turismo e no lazer. O fator ambiental humano engloba factores económicos (política governamental em matéria de turismo, condições económicas prevalecentes, desenvolvimento dos transportes e das infra-estruturas num destino, atitude dos residentes, cultura-tradição local, etc.) e factores ambientais naturais (plantas, animais e seus habitats; topografia, recursos hídricos naturais como rios, lagos, mar; montanhas, colinas, etc.). Um destino turístico popular terá uma confluência destes dois factores. Por exemplo, o destino turístico imensamente popular-Goa, na Índia, é conhecido pelas suas praias de areia branca imaculada, bem como pelas influências portuguesas na sua cultura e tradição e pela segurança e proteção dos turistas.

Uma vez que os factores humanos e naturais estão inter-relacionados, qualquer alteração no ambiente afectará ambos. Por exemplo, o aumento do número de turistas em Ladakh levou a um aumento do lixo e das águas residuais nas massas de água. Embora esta situação tenha afetado o ambiente natural (nascentes e lençóis freáticos), também afectou os habitantes locais, pois provocou um aumento dos problemas de saúde e da escassez de água.

Objetivo-2 Examinar os impactos ecológicos e os seus efeitos nos diferentes destinos turísticos indianos e no seu desenvolvimento turístico

Como é típico de um país em desenvolvimento, o desenvolvimento do turismo na Índia também tem sido aleatório. O turismo era visto apenas como uma indústria geradora de divisas/rendimentos e poucas partes interessadas se preocupavam com a deterioração ecológica que poderia causar. Como resultado, muitos destinos turísticos na Índia, que foram populares durante muito tempo, estão agora à beira ou a atingir a fase de estagnação do ciclo de vida da área do turismo de R.W. Butler, tal como referido na secção de análise da literatura deste estudo de investigação. Foram levantadas preocupações sobre a deterioração da composição ecológica de destinos populares como Goa, Himachal Pradesh, Uttarakhand, etc. Embora os problemas ecológicos destes destinos não possam ser atribuídos exclusivamente ao turismo, ninguém pode negar o papel contributivo do turismo de massas nesta situação. Com efeito, para além dos efeitos directos e dos efeitos secundários, o turismo tem também efeitos dinâmicos que provocam alterações a longo prazo. Por exemplo, o desenvolvimento do turismo em Goa trouxe consigo a construção descontrolada de hotéis, restaurantes e pensões que reduziram o coberto vegetal. Do mesmo modo, o lixo e as águas residuais, em resultado do aumento do número de turistas, são deslocados para as massas de água e, eventualmente, para o mar, o que perturba a vida marinha, etc.

A parte boa do desenvolvimento do turismo na Índia é que o turismo é ainda um fenómeno novo e muitos locais estão apenas a abrir-se aos turistas. As partes interessadas - governo, residentes, empresas - devem fazer um esforço concertado para desenvolver práticas de turismo sustentável para prolongar a vida destes destinos.

Objetivo 3 Estudar a perceção dos residentes de Leh e Ladakh sobre os impactos ecológicos do turismo e do lazer

A perceção dos residentes sobre o desenvolvimento turístico de um destino é um aspeto muito importante, uma vez que são os principais interessados nesse destino. O seu apoio é vital para que um destino apareça no mapa turístico. Contudo, antes de aprofundar a perceção dos residentes, é importante dispor de informações de base sobre o papel do turismo em Ladakh. O Ladakh, que só foi aberto ao turismo em 1974, tem uma ecologia muito frágil nos Himalaias. O aumento do número de turistas neste país sem litoral tem sido inacreditável. Mas, ao mesmo tempo, grande parte do desenvolvimento do país pode ser atribuído ao turismo. Muitas zonas de Ladakh ficam isoladas durante os longos Invernos e a agricultura, a pastorícia e o comércio de caravanas eram fontes de subsistência típicas antes da chegada das oportunidades relacionadas com o turismo. A importância do turismo para este país pode ser avaliada pelo facto de uma parte considerável do PIB provir do turismo. Mesmo no inquérito realizado, 67% dos inquiridos afirmaram que a sua profissão estava de alguma forma relacionada com o turismo.

No inquérito realizado, os residentes admitiram os efeitos nocivos que o turismo está a ter na ecologia. Muitos deles concordaram que o turismo conduziu à desflorestação, ao congestionamento do tráfego, ao aumento da poluição, à acumulação de lixo, aos esgotos que contaminam os recursos hídricos subterrâneos, à perda de terras cultiváveis e de habitats de vida selvagem, etc. Mas, ao mesmo tempo, admitiram que o turismo conduziu a uma melhoria da educação, das oportunidades de emprego, dos cuidados de saúde, dos transportes, do desenvolvimento das infra-estruturas, etc. Nas perguntas conclusivas, recusaram-se a apoiar uma medida para reduzir o número de turistas em Ladakh e afirmaram que os benefícios globais do turismo ultrapassam os seus efeitos nocivos para o ambiente.

Assim, pode concluir-se que as percepções dos residentes em relação a um determinado tipo de impacto turístico não podem ser compartimentadas e que são uma soma total de todos os impactos do turismo combinados.

Recomendações sobre o planeamento do turismo e a elaboração de políticas para um turismo ecologicamente sustentável em Leh e Ladakh

Dada a intensidade da atividade turística em Ladakh, será difícil transformar o turismo de desperdício e exploração predominante num turismo ecologicamente sustentável, mas não é de todo impossível. Entre as montanhas do Grande Himalaia e o formidável Karakoram situa-se o reino de alta altitude de Ladakh. O Ladakh situa-se a altitudes que variam entre os 2.750 e os 6.670 metros, cobrindo uma área de 90.000 quilómetros quadrados. O atual deserto de grande altitude foi outrora coberto por um extenso sistema de lagos, cujos vestígios podem ser vistos nos quatro grandes lagos do sudeste. A paisagem e o património cultural único da região têm sido as principais atracções desde a abertura de Ladakh aos turistas em 1974. Nas duas últimas décadas, o número de turistas que visitaram Ladakh aumentou de 527 em 1974 para mais de 22 000 em 1998. Em 2000, a região recebeu quase 18.000 visitantes.1 A maior parte dos turistas visita a região entre junho e setembro para uma série de actividades, incluindo trekking, rafting e visitas turísticas. As actividades relacionadas com o turismo cresceram rapidamente nas últimas duas décadas, especialmente na capital Leh e nos seus arredores, que serve de base para a maioria dos visitantes.

Em primeiro lugar, qualquer planeamento turístico ou definição de políticas deve envolver todas as partes interessadas (governo indiano, governo de Jammu e Caxemira, organismos e departamentos governamentais locais em Ladakh, empresas e indústria, organismos comerciais como sindicatos de táxis, sindicatos de hotéis, etc., organizações não governamentais, comunidade local e residentes, etc.). É especialmente importante ter em conta a população local quando se iniciam as reformas susceptíveis de a afetar e incorporar também os seus pontos de vista e ideias.

Ladakh é um paraíso para os caminhantes, com trilhos de alpinismo populares como o Markha Valley trek, a subida ao Stok Kangri, o Chadar frozen river trek, etc. O governo deve aplicar rigorosamente as directrizes relativas ao campismo de impacto mínimo. Os guias que levam os grupos devem receber formação do departamento de turismo sobre as directrizes relativas ao campismo de impacto mínimo e ser controlados regularmente. Os guias que cumprem as directrizes devem ser recompensados, enquanto os que não cumprem devem ser penalizados.

Entre as montanhas dos Grandes Himalaias e o formidável Karakoram situa-se o reino de alta altitude de Ladakh. Em outubro de 1999, as ONG locais e os empresários de turismo de Ladakh solicitaram a ajuda do The Mountain Institute para desenvolver um turismo sustentável. As ONG e os empresários tinham lido e/ou ouvido falar do Projeto de Biodiversidade e Ecoturismo de Sikkim, implementado pelo TMI e por parceiros de Sikkimese, bem como de outros projectos de turismo do TMI nos Himalaias. A equipa da TMI também manteve discussões com o Conselho da Colina de Ladakh sobre o potencial e o apoio ao turismo sustentável em Ladakh. Com base nestes pedidos e discussões, para além dos resultados da formação/workshop PeopleWildlife no Parque Nacional de Hemis em 19999 , em que o turismo poderia compensar as perdas de gado relacionadas com a depredação da vida selvagem, a TMI e a SLC, em colaboração com o LEDeG, organizaram este workshop sobre "Oportunidades de ecoturismo no Ladakh rural"

Orientações para o campismo de impacto mínimo

Quadro 4: Adaptado da revista No Borders, (2011)

Viajar no Natureza selvagem	Parques de campismo	Fogos e lenha
•Seguir os trilhos da vida selvagem ou os trilhos anteriormente utilizados para minimizar os danos -caminhar sobre rochas e pedras em vez de sobre o solo e a vegetação •Eliminar todos os ruídos desnecessários ou fortes	•Os parques de campismo devem estar situados a 30 metros de distância dos cursos de água naturais •Utilizar um parque de campismo existente • Evitar zonas de vegetação frágil •Não abrir valas à volta da tenda nem utilizar terra, pedras, etc. para a fixar • Evitar passar mais de dois dias no mesmo parque de campismo, exceto se se tratar de um parque de campismo estabelecido	•Utilizar fogões a lenha em vez de madeira morta para acender fogueiras •Os fogos só devem ser acesos em situações de emergência •Nunca cortar lenha viva para a fogueira •Não colocar embalagens de plástico ou de alumínio no fogo •Apagar completamente o fogo
Eliminação de Resíduos humanos	Eliminação do lixo	Lavagem de corpos, roupas e utensílios
•Cavar buracos individuais para gatos longe de fontes de água •Queimar ou enterrar o papel higiénico usado, se possível •Transportar os tampões num saco fechado •Urinar longe de fontes de água e da cobertura vegetal	•Eliminar todo o lixo •Transportar o mínimo de material que produza lixo •Recolher e levar o lixo se o encontrar	-Lavar sem sabão ou detergente •Não nadar em poços de água •Limpar os utensílios gordurosos com papel e depois lavar com água quente
proteção das plantas indígenas e		

•Não alimentar as aves e os animais e respeitar a sua privacidade -Evitar danificar as plantas •Não utilizar materiais naturais como abrigo, exceto em situações de emergência	

Para promover o ecoturismo de base comunitária, deve ser promovido o conceito tradicional de estalagem em casa de família, uma vez que pode evitar a construção aleatória de hotéis em zonas ecologicamente frágeis. O governo pode conceder um subsídio simbólico ou um empréstimo único para ajudar os proprietários a desenvolver as estadias em casa de família, mas deve garantir que não sejam transformadas em hotéis. De facto, este conceito pode ser fundido com o turismo de aldeia. Uma vez que os visitantes se tornam parte da aldeia durante o período da sua estadia e dependem do alojamento e da alimentação disponíveis localmente, reduzem a pegada de carbono em termos de transporte de mercadorias, necessidades energéticas, consumo de água, etc.

Embora os residentes de Ladakh inquiridos no estudo de investigação não fossem favoráveis a esta medida, é necessário regular o número de turistas que entram em Ladakh. O Ladakh pode reproduzir o modelo de alto rendimento/baixo volume utilizado por alguns outros destinos turísticos para restringir o número de turistas através de uma combinação de taxas elevadas e/ou limites à entrada. O turismo de massas é uma das principais razões do impacto ambiental negativo do turismo em zonas ecologicamente sensíveis.

Para reduzir a poluição causada pelos veículos, os proprietários de táxis devem ser encorajados a converter gradualmente os seus veículos de gasóleo para gasolina e, no futuro, para gás natural comprimido (GNC). Do mesmo modo, os hotéis e os restaurantes devem ser encorajados a servir alimentos biológicos produzidos localmente, contribuindo assim para a preservação dos terrenos agrícolas. Além disso, o governo deve controlar rigorosamente qualquer nova construção para fins comerciais. Os edifícios ecológicos que utilizam fontes de energia renováveis, a recolha de água, etc., devem ser autorizados rapidamente.

Estas são algumas medidas concretas que podem ajudar a preservar e conservar o frágil ecossistema dos efeitos nocivos do turismo e abrir caminho para um turismo ecologicamente sustentável em Ladakh.

Implicações para a investigação futura

O estudo de investigação utilizou um questionário de inquérito estruturado cuja validade foi verificada através de testes-piloto. O investigador utilizou dimensões padrão e ferramentas estatísticas para a análise dos dados. No entanto, o investigador não pôde efetuar uma comparação estatística dos dados utilizando ferramentas avançadas, o que teria proporcionado observações mais aprofundadas devido a limitações de tempo e de recursos. Outra limitação da investigação foi a dimensão da amostra de 100 inquiridos. Ladakh tem uma população de cerca de 2,7 lakh pessoas que residem em diferentes aldeias de diferentes distritos. Este estudo de investigação não recolheu amostras de toda a extensão do Ladakh e, por conseguinte, o âmbito da investigação é limitado. Assim, estudos futuros podem incluir a utilização de ferramentas estatísticas avançadas e uma amostra de maior dimensão recolhida em diferentes regiões de Ladakh para ajudar a aumentar a fiabilidade, a validade e a generalização dos resultados. Além disso, um estudo aprofundado com recurso a uma análise qualitativa (em que os inquiridos são entrevistados) poderia fornecer melhores informações sobre as percepções dos residentes. A investigação futura pode também recorrer a técnicas de amostragem aleatória para aumentar a representatividade da amostra.

Referências

Cook,R. A., Yale, L. J., & Marqua, J. J. (2007). *Tourism:The Business of Travel*. Essex: Pearson Education .

Chakraborty, A. (2007). *Global Tourism*. Nova Deli: APH Publishing.

Jayaplan, N. (2001). *Introduction to Tourism* . Nova Deli: Atlantic Publishers and Distributors.

Shackley, M. (2007). *Atlas of Travel and Tourism Development*. Nova Jersey: Routledge.

Zuelow, E. (2015). *Uma história do turismo moderno*. Hampshire: Palgrave Macmillan.

Ministério do Turismo, Governo da Índia. (2015). *Relatório Anual 2014-15*. Nova Deli: Ministério do Turismo, Governo da Índia.

Todd, M. K. (2011). *Manual de Desenvolvimento de Programas de Turismo Médico: Developing Globally Integrated Health Systems (Desenvolvimento de sistemas de saúde globalmente integrados)*. Boca Raton: CRC Press.

Wyllie, R. W. (2011). *Uma introdução ao turismo*. State College: Venture Publishing.

Becker, E. (2013). *Overbooked: The Exploding Business of Travel and Tourism [O negócio explosivo das viagens e do turismo]*. New York: Simon and Schuster.

Seba, J. (2011). *Turismo e Hospitalidade: Issues and Developments*. Boca Raton: CRC Press.

Hall, C. M., & Page, S. J. (2014). *A Geografia do Turismo e da Recreação: Environment, Place and Space*. New Jersey: Routledge.

Organização Mundial do Turismo (UNWTO). (2016). *Organização Mundial do Turismo (UNWTO)*. Recuperado em 15 de julho de 2016, de http://www2.unwto.org/content/why-tourism

Mason, P. (2015). *Impactos do Turismo, Planeamento e Gestão*. New Jersey: Routledge.

Tribe, J. (2011). *The Economics of Recreation, Leisure and Tourism [A Economia da Recreação, do Lazer e do Turismo]*. New Jersey: Routledge.

Briassoulis, H., & Straaten, J. v. (2012). *Tourism and the Environment: Regional, Economic and Policy Issues*. Hamburgo: Springer Science & Business Media.

Geneletti, D., & Dawa, D. (2009). Avaliação do impacto ambiental do turismo de montanha em regiões em desenvolvimento: A study in Ladakh, Indian Himalaya. *Environmental Impact Assessment Review, 29* (4), 229-242.

Jonker, J., & Pennink, B. (2010). *A Essência da Metodologia de Investigação: A Concise Guide for Master and PhD Students in Management Science*. Londres: Springer Science & Business Media.

Flick, U. (2015). *Introdução à metodologia de investigação: Um guia para principiantes na realização de um projeto de investigação*. Londres: SAGE.

Kumar, R. (2014). *Metodologia de investigação: A Step-by-Step Guide for Beginners*. Londres: SAGE.

Singh, Y. (2010). *Metodologia de investigação*. Nova Deli: APH Publishing.

Flick, U. (2011). *Introdução à metodologia de investigação: A Beginner's Guide to Doing a Research Project*. Londres: SAGE.

Ridley, D. (2012). *A revisão da literatura: A Step-by-Step Guide for Students*. Londres: SAGE.

Mason, P. (2012). *Impactos do turismo, planeamento e gestão*. Nova Jersey : Routledge.

Abhyankar, A., & Dalvie, S. (2013). Growth Potential of the Domestic and International Tourism in India (Potencial de crescimento do turismo doméstico e internacional na Índia). *Review of Integratibe Business and Economics Research, 2* (1), 566-576.

Hannam, K., & Diekmann, A. (2010). *Tourism and India: A Critical Introduction*. New Jersey: Routledge.

Tribe, J. (2011). *The Economics of Recreation, Leisure and Tourism [A Economia da Recreação, do Lazer e do Turismo]*. New Jersey: Routledge.

Tribe, J. (2009). *Questões filosóficas no turismo* . Clevedon: Channel View Publications.

Press Trust of India. (2015). *Indústria indiana de turismo médico deve atingir 8 mil milhões de dólares até 2020: Grant Thornton*. Nova Deli: The Economic Times .

Taylor & Francis. (2011). Tourism and Millenial Development Goals: tourism for global development? *Current Issues in Tourism , 14* (3), 201-203.

Programa das Nações Unidas para o Ambiente. (2016). *Programa das Nações Unidas para o Ambiente* . Recuperado
2 de outubro de 2016, a partir de
http://www.unep.org/resourceefficiency/Business/SectoralActivities/Tourism/FactsandFiguresaboutTourism/ ImpactsofTourism/EnvironmentalImpacts/tabid/78775/Default.aspx

Kumar, A. (2013). DESMISTIFICANDO UMA TRAGÉDIA DO HIMALAIA: ESTUDO DO DESASTRE DE 2013 EM UTTARAKHAND. *Journal of Indian Research , 1* (3), 106-116.

Bera, T. R. (2015). *Ladakh: A Glimpse of the Roof of the World [Um Vislumbre do Teto do Mundo]*. Nova Deli: Partridge Publishing.

Menon, S. G. (2011). *Two sides to Ladakh tourism [Dois lados do turismo em Ladakh]*. Nova Deli: The

Hindu Businessline.
Lovell-Hoare, M., & Lovell-Hoare, S. (2014). *Kashmir: Jammu. Vale de Caxemira. Ladakh. Zanskar.* Condado de Bucks: Bradt Travel Guides.
Loondup, U. (2014, 12 de junho). Em conversa com Reach Ladakh.
Datta, S. (2014). *O boom do turismo em Ladakh faz soar o alarme na zona verde.* Nova Deli: Bennett, Coleman & Co. Ltd.
Gabinete Regional da UNESCO para a Ciência. (2006). *Sustainable Tourism Development in UNESCO Designated Sites in South-Eastern Europe.* Veneza: Programa das Nações Unidas para o Ambiente.
Butler, R. (2011). Tourism Area Life Cycle. Oxford: Goodfellow Publishers Limited.
Clough, P., & Nutbrown, C. (2012). *A Student's Guide to Methodology.* Londres: SAGE.
Bellamy, C., & Perri, 6. (2011). *Princípios de Metodologia: Research Design in Social Science.* Londres: SAGE.
Johnson, B., & Christensen, L. (2010). *Investigação educacional: Quantitative, Qualitative, and Mixed Approaches.* Londres: SAGE.
Petre, M., & Rugg, G. (2010). *As regras não escritas da investigação de doutoramento.* Berkshire: McGraw-Hill Education (UK).
Walliman, N. (2010). *Métodos de investigação: The Basics.* New Jersey: Routledge.
Ekinci, Y. (2015). *Designing Research Questionnaires for Business and Management Students.* Londres: SAGE.
Bergh, D. D., & Ketchen, D. J. (2009). *Metodologia de investigação em estratégia e gestão, .* Bingley: Emerald Group Publishing.
Bryman, A. (2012). *Métodos de investigação social.* Oxford: Oxford University Press.
Daniel, P. S., & Sam, A. G. (2010). *Metodologia de investigação.* Nova Deli: Gyan Publishing House.
Sterba, S. K. (2011). *Handbook of Ethics in Quantitative Methodology [Manual de Ética em Metodologia Quantitativa].* New Jersey: Taylor & Francis.
Dados do Censo Populacional 2015. (2015). *Censos 2011.* Recuperado em 13 de outubro de 2015, de http://www.census2011.co.in/census/district/621-leh.html
Press Trust of India (PTI) (2016). *O rendimento per capita da Índia aumenta 7,4% para Rs 93.293 .* Nova Deli: The Economic Times .
Machi, L. A., & McEvoy, B. T. (2012). *A revisão da literatura: Seis passos para o sucesso.* Thousand Oaks: Corwin Press.
Pham, L. H., & Kayat, K. (2011). Percepções dos residentes sobre o impacto do turismo e o seu apoio ao desenvolvimento do turismo: The Case Study of Cuc Phuong National Park, Ninh Binh Province, Vietnam. *European Journal of Tourism Research , 4* (2), 123-146.
Seetanah, B. (2011). Avaliar o impacto económico dinâmico do turismo nas economias insulares. *Annals of Tourism Research, 38* (1), 291-308.
Mayer, M., Muller, M., Woltering, M., Arnegger, J., & Job, H. (2010). O impacto económico do turismo em seis parques nacionais alemães. *Paisagem e Planeamento Urbano, 97* (2), 73-82.
Webster, C., & Ivanov, S. (2014). Transformar a competitividade em benefícios económicos: O turismo estimula o crescimento económico em destinos mais competitivos? *Tourism Management, 40, 137-140.*
Andersson, T. D., & Lundberg, E. (2013). Comensurabilidade e sustentabilidade: Avaliações de impacto triplo de um evento turístico. *Tourism Management, 37,* 99-109.
Chen, L. (2014). Uma análise do impacto cultural da modernização e do turismo nas comunidades étnicas A Comparative Study on Three Dai Village in Xishuangbanna. *Tourism Geographies, 16* (5), 757-771.
Perch Nielsen, S., Sesartic, A , & Stucki, M. (2010). The greenhouse gas intensity of the tourism sector: O caso da Suíça. *Environmental Science & Policy, 13* (2), 131-140.
Colher, J. (2011/2012). Tourism, Persistence, and Change: Sherpa Spirituality and Place in Sagarmatha (Mount Everest) National Park and Buffer Zone, Nepal. *Journal of Ecological Anthropology, 15* (1), 41-57.
Viannaa, G., Meekan, M., Pannell, D., Marsh, S., & Meeuwig, J. (2012). Valor socioeconómico e benefícios comunitários do turismo de mergulho com tubarões em Palau: Uma utilização sustentável das populações de tubarões de recife. *Biological Conservation, 145* (1), 267-277.
Chakravarty, S., & Irazabal, C. (2011). Gansos dourados ou elefantes brancos? The paradoxes of world heritage sites and community-based tourism development in Agra, India. *Community Development, 42* (3), 359-376.
Tripathi, S., Bergin, M., Devi, J., Gupta, T., Mckenzie, M., Rana, K., et al. (2015). A descoloração do Taj Mahal devido ao carbono particulado e à deposição de poeira. *Environmental science & Technology, 49* (2), 808-812.
Groot, M. d., & Horst, H. v. (2014). Indian youth in Goa: scripted performances of 'true selves'. *Tourism Geographies, 16* (2), 303-317.
Kamat, S. B. (2010). An account of the dark side of Goa's Tourism and a plausible solution (Um relato do lado negro do turismo de Goa e uma solução plausível). *International Journal of Hospitality & Tourism Systems , 3* (1), 138-144.

Compare Infobase Limited & MapsOfIndia.com. (2016). *Mapas da Índia.* Recuperado em 30 de setembro de 2016 de http://www.mapsofindia.com/maps/india/tourist-centers.htm

Haq, F., Medhekar, A., & Bretherton, P. (2009). ABORDAGEM DE PARCERIA PÚBLICA E PRIVADA PARA APLICAR O MARKETING MIX DO TURISMO AO TURISMO ESPIRITUAL. *International Handbook of Academic Research and Teaching, 8,* 63-75.

Reddy, S., & Qadeer, I. (2010). Medical Tourism in India: Progress or Predicament . *Economic and Political Weekly, 45* (20), 69-75.

Karar, A. (2010). Impacto do turismo de peregrinos em Haridwar. *Anthropologist, 12* (2), 99-105.

Bhadula, S., Sharma, V., & Joshi, B. (2014). Impacto das actividades turísticas na qualidade da água do riacho Sahashtradhara, Dehradun. *International Journal of ChemTech Research, 6* (1), 213-221.

Samimi, A. J., Sadeghi, S., & Sadeghi, S. (2011). Turismo e crescimento económico nos países em desenvolvimento: P-VAR Approach. *Jornal do Médio Oriente de Investigação Científica, 10* (1), 28-32.

Mishra, P. (2011). Causalidade entre turismo e crescimento económico: Empirical evidence from india. *Revista Europeia de Ciências Sociais , 18* (4), 518-527.

Srivastava, S. (2011). POTENCIAL ECONÓMICO DO TURISMO: UM ESTUDO DE CASO DE AGRA. *TOURISMOS: AN INTERNATIONAL MULTIDISCIPLINARY JOURNAL OF TOURISM, 6* (2), 139-158.

Hazarika, I. (2010). Medical tourism: its potential impact on the health workforce and health systems in India (Turismo médico: o seu potencial impacto na mão de obra no sector da saúde e nos sistemas de saúde na Índia). *Health Policy and Planning, 25,* 248-251.

Karanth, K. K., & Nepal, S. K. (2012). Perceção dos residentes locais sobre os benefícios e as perdas das áreas protegidas na Índia e no Nepal. *Environmental Management, 49* (2), 372-386.

Huberman, J. (2012). *Ambivalent Encounters: Childhood, Tourism, and Social Change in Banaras, India [Infância, Turismo e Mudança Social em Banaras, Índia].* Nova Jersey: Rutgers University Press.

Sinha, N., Roy, H., Atwal, G., Mazumdar, S., & Williams, A. (2016). Denominações de cultura e autenticidade em restaurantes temáticos de Bengala. In M. C. Dhiman (Ed.), *Opportunities and Challenges for Tourism and Hospitality in the BRIC Nations* (pp. 265-287). Hershey: IGI Global .

Wang, Y. W. (2011). *Marketing e Gestão de Destinos Turísticos: Collaborative Stratagies.* Oxfordshire: CABI.

Pearce, D. G. (2012). *Frameworks for Tourism Research.* Oxfordshire: CABI.

Kamat, S. B. (2010). Destination Life Cycle and Assessment - A Study of Goa. *South Asian Journal of Tourism and Heritage , 3* (2), 139-148.

Karanth, K. K., & DeFries, R. (2010). Nature-based tourism in Indian protected areas: New challenges for park management. *Conservation Letters , 4* (2), 137-149.

Singla, M. (2014). Um estudo de caso sobre os impactos socioculturais do turismo na cidade. *Journal of Business Management & Social Sciences Research (JBM&SSR) , 3* (2), 10-23.

Sebastian, L. M., & Rajagopalan, P. (2009). Socio-cultural transformations through tourism: a comparison of residents' perspectives at two destinations in Kerala, India (Transformações socioculturais através do turismo: uma comparação das perspectivas dos residentes em dois destinos em Kerala, Índia). *Journal of Tourism and Cultural Change , 7* (1), 5-21.

Hampton, M. P. (2013). *Turismo de mochileiros e desenvolvimento económico: Perspectives from the Less Developed World [Perspectivas do mundo menos desenvolvido].* Nova Jersey: Routledge.

Mitchell, J., & Ashley, C. (2010). *Tourism and Poverty Reduction (Turismo e Redução da Pobreza): Pathways to Prosperity.* Sterling: Earthscan.

Frechtling, D. C. (2011). *Explorando o impacto económico total do turismo para a elaboração de políticas* . Madrid: Organização Mundial do Turismo (UNWTO) .

Rashid, I. R., & Romshoo, S. A. (2013). Impacto das actividades antropogénicas na qualidade da água do rio Lidder nos Himalaias de Caxemira. *Monitorização e Avaliação Ambiental, 185* (6), 4705-4719.

Singh, D. S. (2013). Causes of Kedarnath Tragedy and Human Responsibilitie [Causas da tragédia de Kedarnath e responsabilidade humana]. *Jornal da Sociedade Geológica da Índia, 82,* 303-304.

Singh, J., & Munjal, S. (2015). Eco-turismo sustentável: Um estudo de caso da Índia - Andhra Pradesh. Em S. S. Chauhan, T. Khan, P. K. Jain, & P. E. Soloman (Eds.), *Conservação Ambiental e Desenvolvimento Sustentável* (pp. 101-116). Nova Deli: Lenin Media.

Gondhalekar, D., Akhtar, A., Keilmann, P., Kebschull, J., Nussbaum, S., Dawa, S., et al. (2013). Gotas e Pedras Quentes: Rumo a um planeamento urbano integrado em termos de escassez de água e questões de saúde na cidade de Leh, Ladakh, Índia. Em M. K. Gislason (Ed.), *Série de livros: Advances in Medical Sociology* (Vol. 15, pp. 173-193). Bingley: Emerald Group Publishing.

Dolma, K., Rishi, M. S., & Lata, R. (2015). Avaliação da qualidade das águas subterrâneas e sua adequação para fins de consumo - um caso da cidade de Leh, Ladakh (J&K), Índia. *Revista Internacional de Investigação Científica e de Engenharia, Volume 6, Número 5, maio-2015, 6* (5), 576-590.

Shobha, S. (2009). *Tourism a major ecological concern in Ladakh.* Nova Deli: OneWorld South Asia.

Gondhalekar, D., Nussbaum, S., Akhtar, A., & Kebschull, J. (2014). Planeamento sob incerteza: Mudanças climáticas, escassez de água e questões de saúde na cidade de Leh, Ladakh, Índia . Em W. L. Filho, & V. Sumer (Eds.), *Sustainable Water Use and Management: Exemplos de Novas Abordagens e Perspectivas.*

Hamburgo: Springer.

Jina, P. S. (2007). *Tourism and Buddhist Monasteries of Ladakh Himalaya (Turismo e Mosteiros Budistas dos Himalaias de Ladakh)*. Nova Deli: Kalpaz Publications.

Bora, N. (2004). *Ladakh: Society and Economy*. Nova Deli: Anamika Pub & Distributors.

Lonely Planet. (2016). *Lonely Planet* . Recuperado em 3 de outubro de 2016 de http://www.lonelyplanet.com/search?q=ladakh

Pelliciardi, V. (2013). Da autossuficiência à dependência de cereais alimentares importados no distrito de Leh (Ladakh, Trans-Himalaya indiano). *Jornal Europeu do Desenvolvimento Sustentável, 2* (3), 109-122.

Smith, S. H. (2013). "No passado, comíamos de um prato": A memória e a fronteira em Leh, Ladakh. *Political Geography , 35,* 47-59.

Ozer, S. (2012). Percepções de psicopatologia em relação às mudanças socioculturais entre os jovens Ladakhi. *Estudos Psicológicos, 57* (3), 310-331.

Singh, P., & Singh, A. K. (2011). *Tourism and Attitude of Host Community in Peripheral Region- A CaseStudy of Ladakh*. Varanasi: Banaras Hindu University .

Jain, D. (2013). PERCEPÇÃO DOS VISITANTES SOBRE A IMAGEM DO DESTINO - UM ESTUDO DE CASO DO TURISMO J&K. *Prestige International Journal of Management & IT- Sanchayan, 2* (1), 91-113.

Woosnam, K. M. (2011). Using Emotional Solidarity to Explain Residents' Attitudes about Tourism and Tourism Development [Usando a solidariedade emocional para explicar as atitudes dos residentes em relação ao turismo e ao desenvolvimento turístico]. *Journal of Travel Research* .

Chhabra, D. (2010). Host Community Attitudes Toward Tourism Development: The Triggered Tourism Life Cycle Perspective. *Tourism Analysis, 15* (4), 471-484.

Bagri, S., & Kala, D. (2016). Atitudes dos residentes em relação ao desenvolvimento do turismo e impactos em Koti - Kanasar, Indroli, circuito turístico de Pattyur do estado de Uttarakhand, Índia. *Revista de Turismo y Patrimonio Cultural, 14* (1), 23-29.

Murphy, P. E. (2013). *Turismo: Uma Abordagem Comunitária (RLE Turismo)*. New Jersey: Routledge.

Organização Mundial do Turismo (UNWTO). (2008). *Tornar o turismo mais sustentável*. Espanha: Programa das Nações Unidas para o Meio Ambiente.

Olafsdottir, R., & Runnstrom, M. C. (2009). A GIS Approach to Evaluating Ecological Sensitivity for Tourism Development in Fragile Environments. A Case Study from SE Iceland. *Scandinavian Journal of Hospitality and Tourism , 9* (1), 22-38.

Dodds, R., & Butler, R. (2010). Barreiras à implementação de políticas de turismo sustentável em destinos turísticos de massa. *TOURISMOS: An International Multidisciplinary Journal of Tourism, 5* (1), 35-53.

Jamal, T., Taillon, J., & Dredge, D. (2011). Pedagogia do turismo sustentável e colaboração académica-comunitária: A progressive service-learning approach. *Tourism and Hospitality Research, 11* (2), 133-147.

Whitford, M. M., & Ruhanen, L. M. (2010). Australian indigenous tourism policy: practical and sustainable policies? *Journal of Sustainable Tourism , 18* (4), 475-496.

Nguyen, N. C., Bosch, O. J., & Maani, K. E. (2011). Criação de "laboratórios de aprendizagem" para o desenvolvimento sustentável em biosferas: Uma abordagem de pensamento sistémico. *Systems Research and Behavioral Science, 28* (1), 51-62.

Rede OneWorld do Sul da Ásia. (2009). *Ásia do Sul Um Mundo*. Recuperado em 12 de julho de 2016 de http://southasia.oneworld.net/OWSAInfo/AboutOwsa

Kumar, R. (2014). *Metodologia de investigação: A Step-by-Step Guide for Beginners*. Londres: SAGE.

Kumar, R. (2010). *Metodologia de investigação: A Step-by-Step Guide for Beginners*. Londres: SAGE.

Simons, H., & Usher, R. (2012). *Ética Situada na Investigação Educacional*. New Jersey: Routledge.

Connelly, L. M. (2013). Dados demográficos em estudos de investigação. *Medsurg Nursing, 22* (4), 269-70.

Jonker, J., & Pennink, B. (2010). *A Essência da Metodologia de Investigação: A Concise Guide for Master and PhD Students in Management Science*. Hamburgo: Springer Science & Business Media.

Revista Sem Fronteiras. (2011). *Directrizes para o acampamento de impacto mínimo*. Revista Sem Fronteiras.

APÊNDICES

Apêndice A - Questionário

Perguntas de seleção:

a. Confirme que a sua idade é superior a 18 anos
b. É residente em Leh Ladakh há 5 anos ou mais?
c. Mantém-se a par do turismo em Leh Ladakh?
d. Está disposto a participar no inquérito para a investigação? (O residente é selecionado se estiver disposto)

Parte I: Demografia

1. Género
   Q Masculino
   Q Feminino
2. Grupo etário
   □ 18 - 30
   □ 31 - 45
   □ 46 - 60
   Q Mais de 60 anos
3. Ocupação
   Q Trabalhador por conta própria Q S l i$_{aare}$ d0 Assinale também aqui se o seu
      □ Emprego relacionado com o governo ^{Profissãois} alugado à tomtom de qualquer forma
   □ Desempregado
   Д Reformado
   Q Estudante
4. Rendimento por mês em INR
   Q Menos de 8000
   □ 8001 - 15000
   □ 15001 - 25000
   □ 25001 - 35000
   □ Acima de 35000

Parte II: Perguntas do inquérito

Q1: Considera que o turismo em Leh Ladakh aumentou nos últimos 5 anos?
a) Sim
b) Não
c) Não tenho a certeza

Q2. Considera que o aumento do número de turistas teve um grande impacto na ecologia deste destino, positivo ou negativo?
a) Sim
b) Não
c) Não tenho a certeza

Q3. Penso que, devido ao aumento do turismo, tem havido um elevado nível de desflorestação para construir mais alojamentos e melhores transportes para os turistas.
a) Discordo totalmente
b) Não concordo
c) Nem concordo nem discordo
d) De acordo
e) Concordo totalmente

Q4. Considera que o aumento das actividades de construção e de veículos aumentou o nível de poluição na zona?
b) Não
c) Não tenho a certeza

Q5. As aves e os animais desta zona diminuíram em número ou sofreram devido às alterações provocadas pelo aumento do turismo?

a) Discordo totalmente
b) Não concordo
c) Nem concordo nem discordo
d) De acordo
e) Concordo totalmente

Q6: Considera que o aumento do número de turistas provocou a deterioração da qualidade da água potável para os habitantes locais?
a) Sim
b) Não
c) Não tenho a certeza

Q7. O turismo aumentou a deposição de lixo, lixo, acumulação de resíduos sólidos e esgotos neste destino
a) Discordo totalmente
b) Não concordo
c) Nem concordo nem discordo
d) De acordo
e) Concordo totalmente

Q8: Considera que o turismo conduziu a um aumento do congestionamento do tráfego e da poluição sonora, aumentando os riscos para a saúde dos habitantes locais?
b) o
c) Não tenho a certeza

Q9: O turismo provocou a escassez de água em Ladakh?
a) Sim
b) Não
c) Não tenho a certeza

Q10. Considera que o turismo também levou à propagação de várias doenças novas que não existiam anteriormente em Ladakh?
a) Sim
b) Não
c) Não tenho a certeza

Q11. O aumento do turismo provocou a urbanização deste destino, trazendo oportunidades de melhor tratamento médico, educação e oportunidades de trabalho
a) Discordo totalmente
b) Não concordo
c) Nem concordo nem discordo
d) De acordo
e) Concordo totalmente

Q12. Considera que o aumento do número de turistas alterou a cultura alimentar das comunidades locais?
a) Sim
b) Não
c) Não é certo\

Q13. Considera que o impacto do pisoteio da vegetação e do solo pelos turistas afecta negativamente a biodiversidade?
a) Sim
b) Não
c) Não tenho a certeza

Q14. Observou alguma alteração significativa no número de animais, insectos e borboletas devido ao aumento do turismo?
a) Sim, o número diminuiu drasticamente
b) Não, o número tem sido o mesmo
c) Não tenho a certeza

Q15: Considera que a rápida urbanização e a subsequente alteração da topografia são responsáveis, de alguma forma, pelas cheias repentinas ocorridas em Ladakh no ano 2000?
a) Sim
b) Não
c) Talvez
Q16: Considera que as oportunidades de emprego criadas pelo turismo levaram as pessoas a abandonar os meios de subsistência tradicionais, como a agricultura e a criação de ovinos?
a) Sim
b) Não
c) Não tenho a certeza
Q17. O turismo aumentou a destruição dos habitats da vida selvagem e a deterioração dos elementos cénicos deste destino
a) Discordo totalmente
b) Não concordo
c) Nem concordo nem discordo
d) De acordo
e) Concordo totalmente
Q18: Apoiaria uma medida do governo para restringir o número de turistas em Ladakh, de modo a evitar danos ecológicos?
a) Sim
b) Não
c) Não tenho a certeza
Q19: Considera que os benefícios globais do turismo compensam os seus efeitos negativos no ambiente?
a) Sim
b) Não
c) Não tenho a certeza

Apêndice B - Folha de resposta

Folha de resposta

Printed by Books on Demand GmbH, Norderstedt / Germany